明治・大正・昭和前期

外国の海に潜った潜水夫

大場俊雄　著

手賀沼ブックレット　No.13

【目　次】

1　長崎村へ入った潜水器

文明の利器、泳気鐘

江戸時代、九州、肥前国（ひぜんのくに）（現在の長崎県と佐賀県）彼杵（そのぎ）郡長崎村は、今は長崎県庁が置かれる長崎市だ。長崎市から東シナ海へ向かって長く突き出た長崎半島の際（きわ）には、懐の深い長崎湾が抱かれている。ここに一五七一年、遠く大海を越えてポルトガル船がやってきた。一六三六年湾奥に出島が築かれ、欧州大陸オランダやアジア大陸清（しん）から異国の船が出入りしていた。

長崎湾なら唐船より大型だったオランダ船も安心して碇泊できた。長崎港は門戸が開かれた貿易港だった。

オランダ船によって長崎村に潜水器がもたらされた。その潜水器を日本では泳気鐘（えいきしょう）と呼んだ。

長崎の位置

泳気鐘を、一九八四（昭和五十九）年九月十三日に長崎市にて初めて調べた。市立博物館の屋外展示場で、敷石を並べた地面に角材を敷き、その上に実

長崎港図　寛政元年　（長崎県立美術博物館蔵）
図中央、湾口方向に大型外航船1隻が描かれ
右下、湾奥に小型船と長崎の家並みがみえる

物の泳気鐘が置いてある。外側は観察、計測できたが、内側がどうなっているのか、この目で確かめることはできなかった。

説明板を支える木柱の根本が朽ちて説明板が地べたに倒れていた。泳気鐘側面に付いた上下二つの鉄環に支柱を挿して写真を撮った。

説明板には次のように書いてある。

泳気鐘（オランダ名・ドイケルスクロク）

寛政5年（1793年）徳川家斉の命により出島オランダ商館に注文され、天保5年（1834年）長崎に到着したイギリス製の潜水用具で、空気は上部の穴より、光は上部のガラスの丸窓から、人は中にはいって底より海底をながめた。

（三菱重工長崎造船所々蔵）

長崎市教育委員会

注文してから四十一年後に到着したと記された泳

気鐘は、簡単に言えば、分厚い鉄でできた中空の底なし箱だ。上面には明かり取りのためガラスをはめた十面の丸窓と空気を送り込む穴一つがある。人はこの鉄箱の中に入って海に潜る。このとき潜水服は着ない。

泳気鐘
昭和59（1984）年9月13日
長崎市立博物館にて撮影した

本に書かれた泳気鐘

国立国会図書館所蔵『和蘭奇器』（オランダきき）には、泳気鐘について「天保五午年六月廿九日阿蘭陀舩入津之節水練道具持渡候如圖」と書かれ、外観略図を描き「地鉄耳而白く塗有之目方壹万貳千貫目」などと記述している。阿蘭陀はオランダ、入津はにゅ

泳気鐘の説明板
昭和59（1984）年9月13日
長崎市立博物館にて撮影した

うしん（入港）、耳而はにてと読む。一貫目は三・七五キログラムだが、本当の目方は、量り直してみないとわからない。

さらに和船上に、起重機のように支柱と腕材を設え、綱と滑車を使って泳気鐘を吊り上げ下げできるようにした「釣仕掛之道具」に、白く塗った泳気鐘図や外観詳細図、「内のり圖」（鐘内構造図）を掲げている。本文には、水練上手な紅毛人（江戸時代、オランダ人の称）二人が長崎表に来ており、稽古した上、持ち渡されたと記す。

同じく国立国会図書館蔵『畫圖西遊旅譚』巻之三には、「海底に沈たる物を取あける器也　是もウヱントルを付て氣を通ず」と書いて、泳気鐘使用中の図を示している。「ウヱントル」とは空気を通す管を

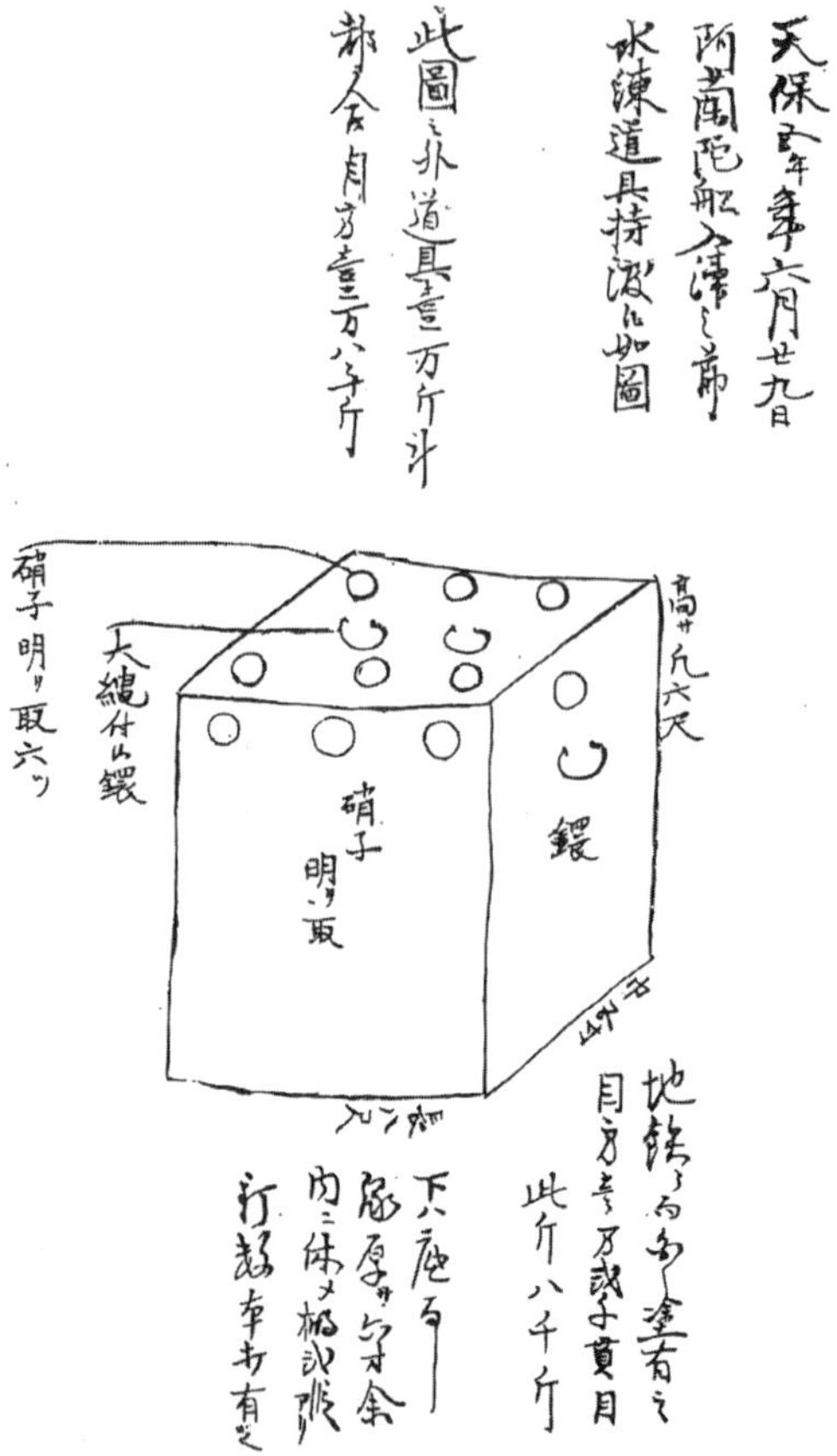

『和蘭奇器』に載る泳気鐘図

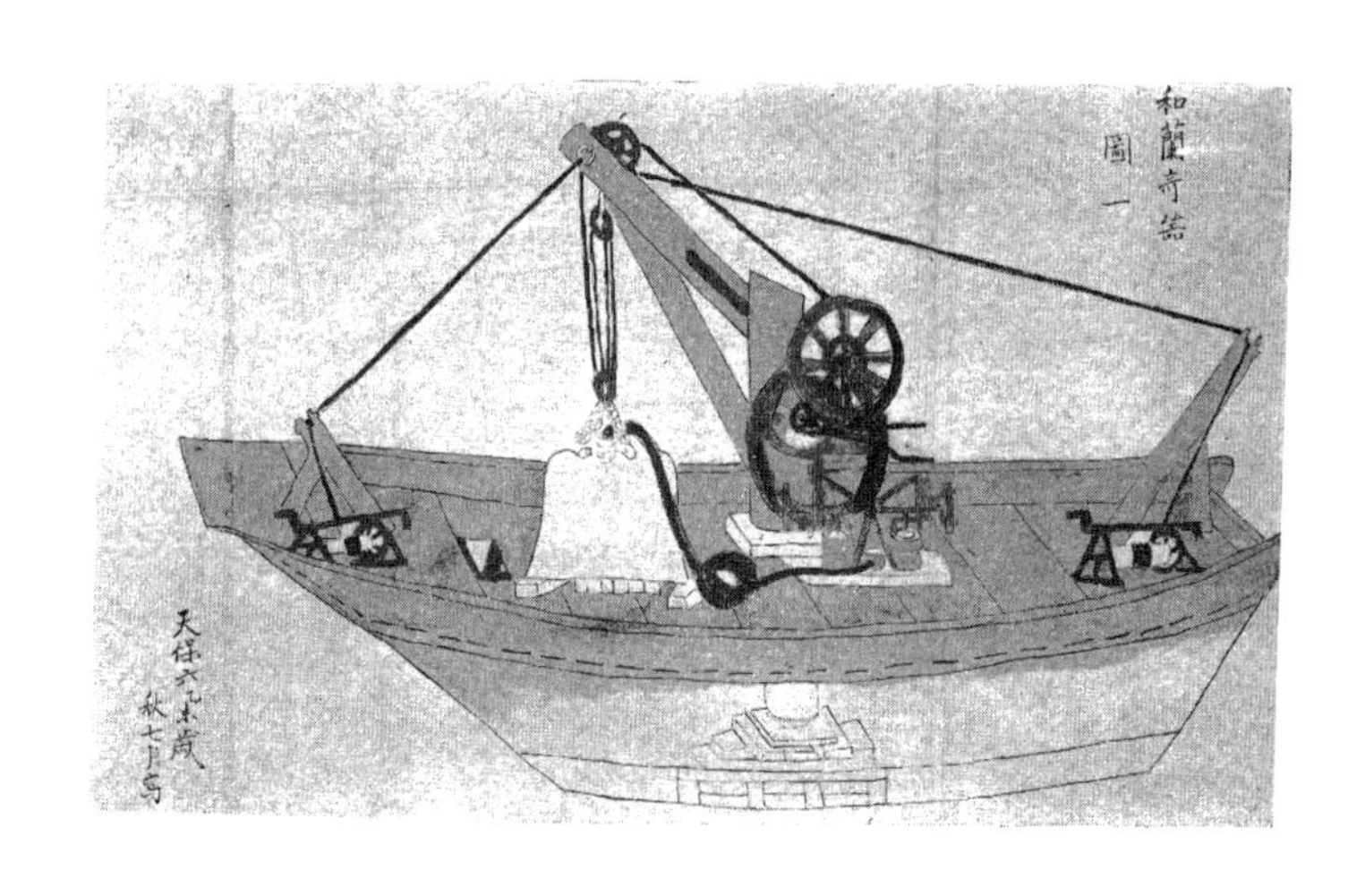

『和蘭奇器』　圖一　船上の泳気鐘、泳気鐘に空気を送るポンプ、釣仕掛けの道具が描かれている

『西遊旅談　三』　ウヱントル之圖

いう。

この図に描かれた泳気鐘は、四角い箱型ではなく、丸い釣鐘（つりがね）型だ。

長崎飽ノ浦

泳気鐘を使えば、それまで人が素潜（すもぐ）りするしかなかった水中で、長い時間海底を観察したり、海底にある物を取り上げたり動かしたり作業することができた。

これも国立国会図書館が所蔵する『黄粱一夢』（こうりょういちむ）下（げ）巻（まき）九には、長崎湾奥「秋浦」で泳気鐘を使ったことを左記のように漢文で認めている。『黄粱一夢』に書かれた秋浦（あきのうら）は、飽ノ浦（あきのうら）だ。

其築修船場、以寛政中蘭人所輸泳氣鐘載石工潜海底、疊石作塘、皆從前所無也

其レ修船場ヲ築ク、寛政中蘭人輸ス所ノ泳氣鐘ヲ以テ石工ヲ載セ海底ニ潜リ、石ヲ疊ミテ塘ヲ作ル、皆從前無キ所ナリと読める。

泳気鐘は、飽ノ浦（あきのうら）で「修船場」すなわち大船修復場を築く際に、石工が鐘内に入って海底に潜り、石を積み重ねて堤を造るのに使われ、すべて今までにないことであった。

泳気鐘は、英国に起こった産業革命によって考え出された先進技術や既存技術を巧みに組み合わせて、逸速く工業力を手にした英国で造られた当時の新鋭工業製品といえる。

長崎市立博物館で実物の泳気鐘を初めて調べた後、これが移設された長崎市飽（あき）の浦（うら）町一―一、三菱重工業株式会社長崎造船所で、二〇〇五（平成十七）年十一月八日に、再び鍾の上部と内側構造を重点的に調べ直した。鐘は、今度は屋内一階、脚つき鉄製台座の上に置いて展示されていた。鐘の下から内部が十分に観察、計測できた。これなら確かに人が鐘内で潜水作業できる。

西洋から持ち渡された泳気鐘は、日本における水中作業に潜水器械技術新時代の扉を開いた。

だが、動かすのに大きな力を必要とする泳気鐘本体の取り扱い操作や潜水作業、海底作業、潜水場所移動、沈降浮上作業手順、作業効率など、今日的観点からすると、泳気鐘は、機能的で使い勝手がよい潜水器とは言いがたい。

しかし、泳気鐘が初めてわが国に入った現在の長

崎県長崎市やその近辺の長崎県西彼杵郡、有明海を挟んだ隣県熊本県から、後述するヘルメット式ゴム衣潜水器械で潜る潜水夫が輩出する。扱いやすく機能的なヘルメット式ゴム衣潜水器械に触発されて、この潜水器械技術を身に付け、潜水業を職業とした人たちがこれらの地に実に多かった。潜水器や潜水服などを扱う業者も長崎に整った。

一方、東日本の武蔵国（現在、東京都、埼玉県、神奈川県の一部）久良岐郡横浜村や安房国（千葉県南部地域）安房郡根本村でも、幕末から明治にかけて、潜水器をめぐる、長崎とは別の動きが起こる。

2　横浜村の増田萬吉と千葉県安房郡根本村の森精吉郎

中村萬吉、横浜開港場へ

安政六（一八五九）年に開港した武蔵国久良岐郡横浜村（神奈川県横浜市）に、幕末、中村萬吉が近江国（今の滋賀県）からやってきた。萬吉は横浜で増田家に入り増田萬吉と姓をかえた。萬吉は横浜港で泳気鐘とは似ても似つかない潜水器に巡り合う。このヘルメット式ゴム衣潜水器械技術を習得して潜水夫となり、横浜に潜水業を興した。

この辺の事情は、すでに明治時代から平成三十（二〇一八）年までに出た新聞報道や既刊単行本、公私機関から刊行された出版物、研究論文等々に記載されている。

例えば新聞では、明治二十一（一八八八）年二月二十一日付け『朝野新聞』に、横浜の「増田龜吉」

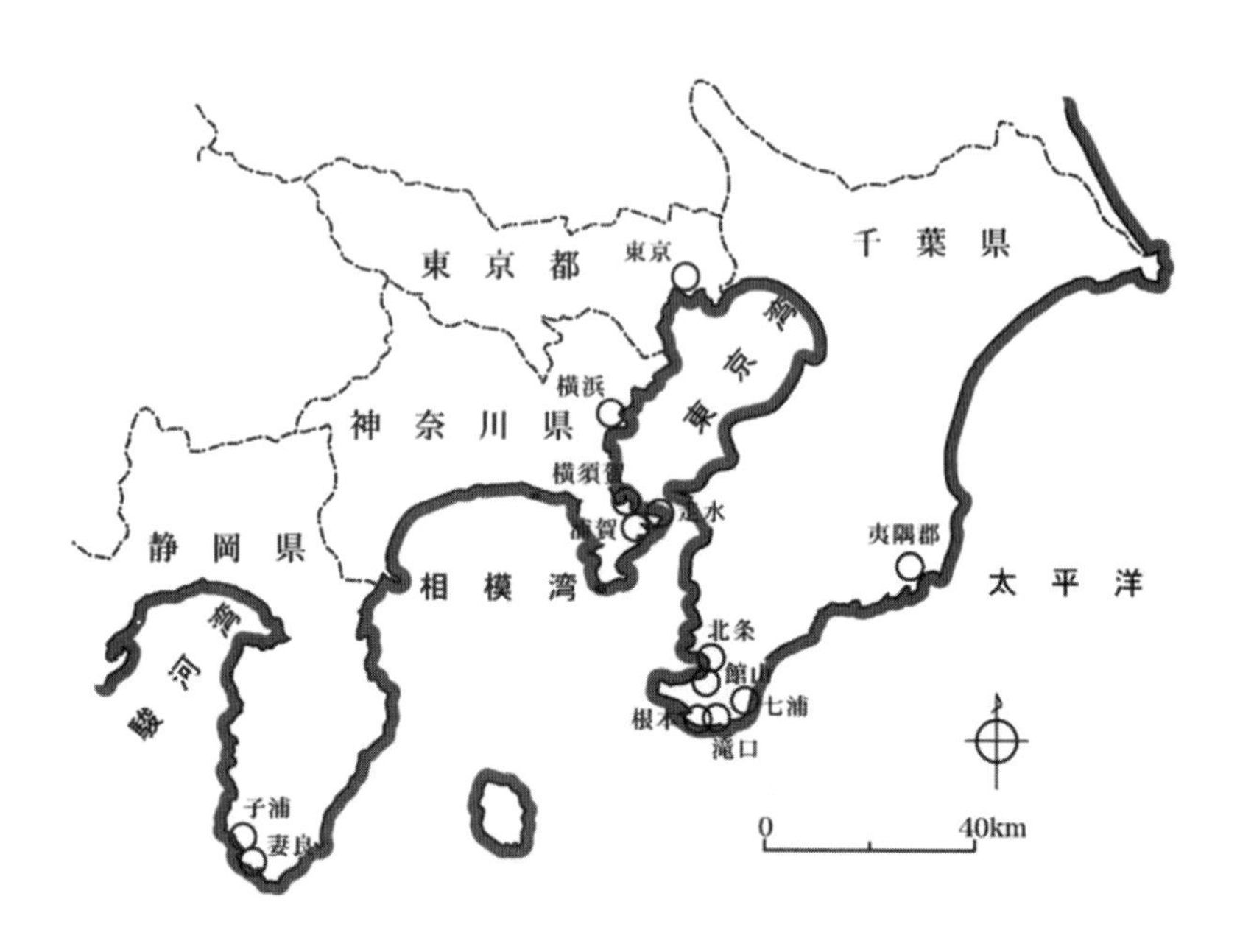

東日本における潜水器関係地の概略位置図

が相州走水（そうしゅうはしりみず）沖にて米国軍艦オナイダ号の貨物引き揚げに着手したという記事が掲載され、明治二十二（一八八九）年十一月十九日付け『讀賣新聞』には、「〇増田万吉氏の潜水業」という見出しの記事が載り、翌二十日付け同紙上に「〇増田萬吉氏の潜水採揚物（承前）」が報じられた。

これらのほかにも森家文書に増田萬吉の潜水業事績が記録されている。森家文書とは、千葉県南房総（みなみぼうそう）市白浜町根本一七〇九番地、屋号木邨（きむら）または木村、森家が保存する森精吉郎と六太郎父子が残した潜水器関係文書である。なお、屋号木邨、木村はともに森家文書に書かれた表記で、森家の人たちはキムラを尻上がりの語調で話していた。

なぜ、開港場横浜や根本村での明治期潜水器関係文書が、当時千葉県安房郡の半農半漁村に過ぎなかった根本村の森家に残されているのだろう。

起業家森精吉郎は横浜の潜水師増田萬吉と潜水器械とアワビ漁業とで強く結ばれ、二人と協同者は明

○増田万吉氏の潜水業　潜水業を以て有名なる同氏が潜水業に志しを起せしハ慶應年間にして其頃弾薬倉庫船の船底を修理するに當り英國軍艦バロシヤ號所属の潜水器械を使用し増田氏之れが指揮者となり遂に其効を奏し其後間もなく蘭人に就いて始めて潜水術を習得し漸く潜水の業を卒て續いで東京舊赤羽工作分局に初めて技造器械の製作を依頼し全時に幾多の徒弟を養成して其の技術を教授し爾来今日に至る迄沈没船舶の採揚艦艇の破砕及び海藻鮑海参類の捕獲其他築港架橋等の根石据込港湾内落し物の撈取に至る迄總て水底に委失せし物を再び世間の用に供しゝこと實に枚擧するに遑あらず就中沈没船舶採揚の如きハ巨大の事業なれバ隨って其利益も亦莫大にて從來同氏が採り揚げたる船舶の数殆んど百を以て算ふるに至れり其内尤も著しき船舶の採揚及び暗礁より引卸したる等のものを列記すれバ概畧左の如し

明治四年神奈川沖に於て焼失したる米國郵便船の採揚を始めとして明治八年相州三浦郡浦賀沖に於て米國帆船の積荷物(石油石炭)を採揚げ船体を横須賀に移し明治九年相州三浦郡走水村沖に於いて(明治十一年の沈没)米國軍艦「ヲネイダ」號の採揚に着手し最初に深さ貳拾七尋の海底より大砲九門錨貳挺鎖り百八十尋及十四名の遺骸を採揚其后数千のパイプ等を採揚せしも未業を終へず同年相州三浦郡栗濱村沖に於て廢船(横濱居留地海岸廿九番所有)早雄丸の採揚明治十年上總夷隅郡川津村沖に

明治22（1889）年11月19日付け『讀賣新聞』
朝刊第二面「○増田万吉氏の潜水業」記事（一部）

治十一（一八七八）年根本村地先でヘルメット式ゴム衣潜水器械採鮑を始めた。鮑はアワビで、鰒、蚫とも漢字表記される。

根本村がある房総半島先端海岸域は、太平洋に面して砂浜帯と岩礁帯が交互に連なる。その岩礁帯海底磯根や沖根にはアワビが棲み、アワビが食べるカジメやアラメなどの海藻も繁茂し、アワビ好漁場が展開する。アワビ漁が盛んな土地柄だ。

アワビは清国に輸出する干鮑（干しあわび）の原材料として、江戸時代から高価な水産物であった。

明治十一（一八七八）年根本村でアワビ採りに潜水器を使い始めた年の翌年、明治十二（一八七九）年に東隣の滝口村砂取でも潜水器械採鮑に取りかかった。根本村と砂取浦の合併営業であった。明治十六（一八八三）年から、分離して各一台の営業となった。

しかし、アワビの営業権をめぐって訴訟が砂取でおきた。明治十七年始審の裁判は、明治十八年三月二十八日、千葉始審裁判所木更津支庁公廷において判決が言い渡された。

この訴訟のとき、潜水器械採鮑関係文書が潜水器械採鮑事業者の一人、森精吉郎から北条治安裁判所に提出され、宮地美成判事が閲覧後、森家に返却された。

森精吉郎は、これらの文書やほかに潜水器械、潜水器械漁業等に関する文書、書簡等を控えとして手許に残しておいた。

この森家文書を用いて著者は、「千葉県における潜水器械採鮑の起源」を取りまとめ、一九七二（昭和四十七）年二月一日発行『千葉県の歴史』第三号に報告した。吉原友吉も、同じく森家文書を使って同年三月三十日発行『東京水産大学論集』第七号に「明治初年における採鮑業への潜水器の導入について」と題する論文を発表している。

これら二論文が公表された後、潜水器に関する出版物が次々と世に出てくる。だが、その印刷物を書いた人が森家文書を直接調べて研究材料に用いている出版物は見当たらない。

森家文書では、増田萬吉はどのように書かれているのか。

『潜水企業ノ起因及全望』

著者が森六太郎家を初めて訪れたのは、一九六八（昭和四十三）年二月七日であった。一九七〇（昭和四十五）年九月六日、当主、六太郎から森家文書を借り受け、同十三日に写真撮影、複写した。

一九七九（昭和五十四）年ころまで同家に随時通い、六太郎から森家の潜水器事業や神奈川県下、横浜や鶴見における港湾建設潜水作業実務につき聞き取りし、六太郎の妻はるからは森家の潜水器事業や根本村から渡米した漁業者などにつき聞き取りした。なお六太郎は大日本潜水協会元神奈川県支部長であった。

森家文書に、『潜水企業ノ起因及全望』がある。

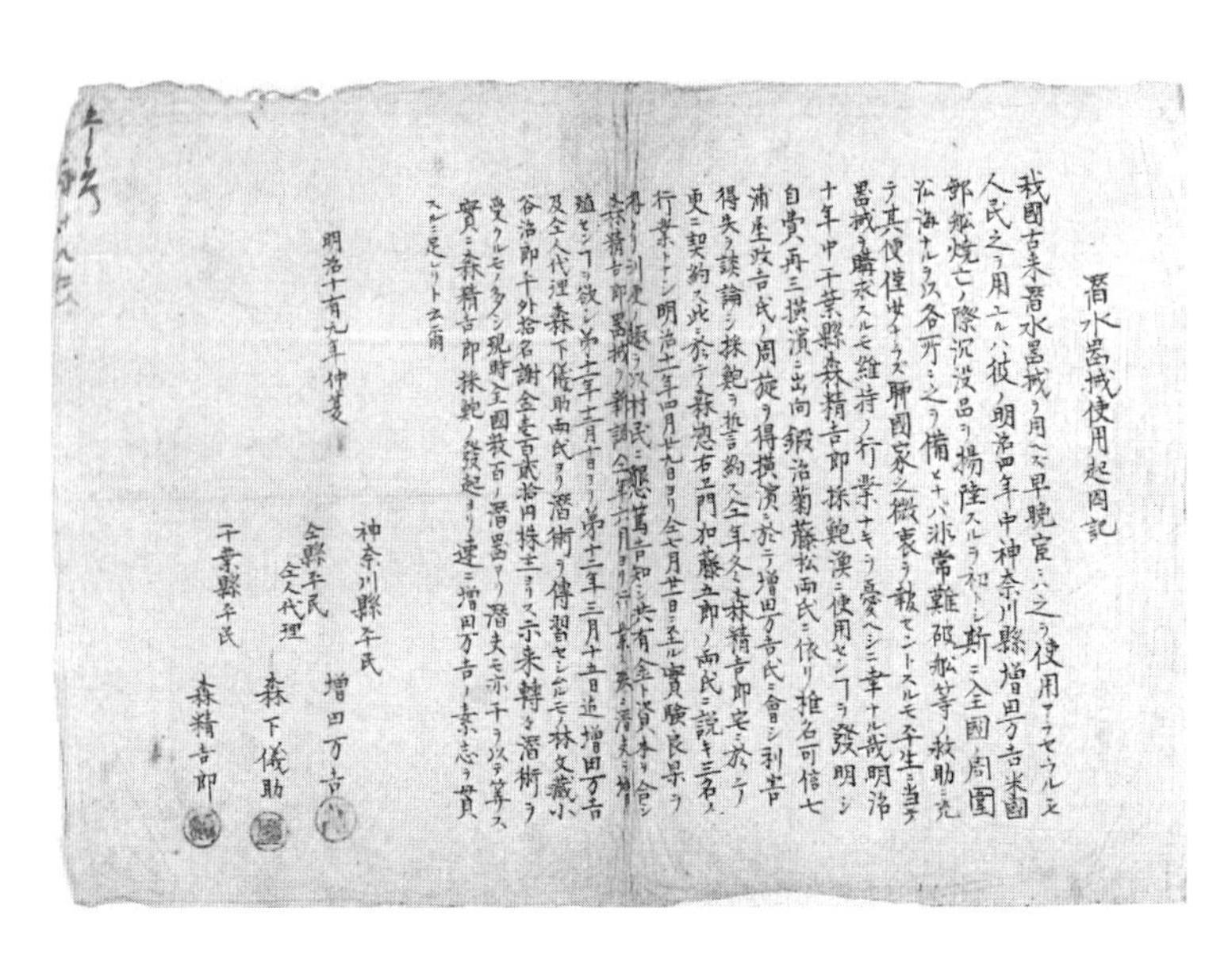
潜水器械使用起因記

我國古来潜水器械ヲ用ヘズ早晩官ニ於テ之ヲ使用アラセラルヽモ人民之ヲ用ユルハ彼ノ明治四年中神奈川縣増田万吉米國郵船焼亡ノ際沈没品ヲ揚陸スルヲ初トシ斯ニ全國周圍沿海ナルヲ以各所ニ之ヲ備ヘナバ非常難破船等ノ救助ニ充テ其便僅少ナラズ聊國家之微衷ヲ報セントスルモ卒生ニ当テ器械ヲ購求スルモ維持ノ行業ナキヲ憂ヘシニ幸ナル哉明治十年中千葉縣森精吉郎採鮑漁ニ使用センコヲ發明シ自費再三横濱ニ出向鍛冶菊藤松両氏ニ依リ推名可信七浦壺政吉氏ノ周旋ヲ得横濱ニ於テ増田万吉氏ニ會シ利害得失ヲ談論シ採鮑ヲ抵言約ス仝年冬ニ森精吉郎宅ニ於テ更ニ契約ス此ニ於テ森惣右エ門加藤五郎ノ両氏ニ説キ三名ヲ行業トナシ明治十一年四月廿九日ヨリ仝七月廿一日ニ至ル實驗良果ヲ得タリ訓麦ノ趣ヲ以村民ニ懇萬吉知シ共有金トシ資本ヲ合シ森精吉郎器械ノ新調仝年六月ヨリ行業ス潜夫ニ増殖セシコヲ欲シ第十一年十一月十日ヨリ第十二年三月十五日迄増田万吉及仝人代理森下儀助両氏ヨリ潜術ヲ傳習セシムルモノ林文蔵小谷治郎千外拾名謝金壱百弐拾円採主ヨリス示来轉々潜術ヲ受クルモノ多シ現時全國数百ノ潜器アリ潜夫モ亦千ヲ以テ算ス實ニ森精吉郎採鮑ノ發起ヨリ遂ニ増田万吉ノ素志ヲ貫スルニ足レリト云爾

明治十有九年仲夏

神奈川縣平民　増田万吉

仝縣平民　仝人代理　森下儀助

千葉縣平民　森精吉郎

潜水器械使用起因記

六太郎没後、この『潜水企業ノ起因及全望』に森家が所蔵する文書を加え『潜水企業の起因及全望―森　六太郎遺稿と森家文書―』と表題をつけて一冊にまとめ、一九七六（昭和五十一）年九月二十三日に森はるが発行している。当時、館山市館山一五六四番地の一に開館していた千葉県立安房博物館の学芸課、内野美三夫が森家文書を読み下して編集し、出版までを手助けした。同年十月十三日に、はるから一冊いただいた。

横浜で潜水器に出合った萬吉

本書では、『潜水企業ノ起因及全望』を使う。

『潜水企業ノ起因及全望』には、開港場横浜における増田萬吉と潜水器との巡り合いを次のように書いてある。

増田万吉ガ潜水業ニ志ヲ起セシハ慶應年間ニシテ其ノ頃弾薬倉庫船ノ舩底ヲ修理スルニ膺リ英国軍艦

「バロシヤ」号所属ノ潜水器ヲ使用シ増田万吉之レガ指揮者トナリ遂ニ効ヲ奏セリ其後間モナク蘭人ニ就ヒテ始メテ潜水術ヲ習得シ漸ク潜夫ノ業ヲ卒ヘリ正是我國ニ於テ器械潜水業者ノ顕ワレタル嚆矢ナリトス

ここで「膺リ」はあたりと読み、引き受けて事に当たるという意味で、「蘭人」はオランダ人だ。

このほかにも、森家には『潜水器械使用起因記』と題した文書も保存されている。

潜水器械使用起因記

我國古来潜水器械ヲ用ヘズ早晩宦ニハ之ヲ使用アラセラルモ人民之ヲ用ユルハ彼ノ明治四年中神奈川縣増田万吉米國郵舩焼亡ノ際沉没品ヲ揚陸スルヲ初トシ斯ニ全國ノ周圍沿海ナルヲ以各所ニ之ヲ備ヒナバ非常難破舩等ノ救助ニ充テ其便少ナラズ聊國家之微衷ヲ報セントスルモ平生ニ当テ器械ヲ購求スルモ維持ノ行業ナキヲ憂ヘシニ幸ナル哉明治十年中千葉縣森精吉郎採鮑漁ニ使用センヿヲ發明シ(略)

現時全國数百ノ潜器アリ潜夫モ亦千ヲ以テ等ス實ニ森精吉郎採鮑ノ發起ヨリ速ニ増田万吉ノ素志ヲ貫スルニ足レリト云爾

明治十有九年仲夏

神奈川縣平民　増田万吉㊞

仝縣平民仝人代理　森下儀助㊞

千葉縣平民　森精吉郎㊞

ヿは合略仮名で、ことと読む。

一行目にある宦(かん)は、官と同義で政府、官庁、官吏といった意味をもつ。

萬吉は、明治四（一八七一）年、民間として初めて潜水器で海に潜って、沈没した米国焼亡郵船から積載物を引き揚げた。

それでは、官としての潜水器使用はどうなっていたのだろうか。

冒頭に述べた泳気鐘は、江戸幕府営として、肥前国彼杵郡長崎村飽ノ浦（現在、長崎県長崎市飽の浦町）で大船修復場を築造する際に使われた。

一方、相模国三浦郡横須賀村（神奈川県横須賀市）には、江戸幕府営から明治政府営へ名実ともに官営へ移行した潜水器使用例がある。

幕府営で潜水器を発注

海に突き出た三浦半島は、東側に東京湾、西側に相模湾を擁している。

江戸湾（今の東京湾）に面した武蔵国久良岐郡横浜村の南並び、三浦半島の先端部に位置したのが相模国三浦郡横須賀村だ。

『横須賀海軍船廠史』によると、元治元年「造船所ヲ江戸灣ニ起シ技師ヲ海外ヨリ招致シ以テ大ニ艦船製造ノ利ヲ興サン」としていた江戸幕府は、慶應元年九月二十七日、横須賀村にて横須賀製鉄所の鍬入れをおこなった。

横須賀製鉄所では、慶應元年十月には早くも、製造工師「ヘンリーデノロース」をつかい「潜水機械外二種」を発注している。

そして、慶應二年一月二十九日、水潜職としてフランス、ブレスト造船所の造船工「ジヤン、フランソアー、マリー、ポン」を月給六十弗にて雇入れることを約した。雇入れ年月日は同年、西暦でいえば一八六六年、三月十五日である。

慶應三年九月には、水潜職「ボン」（引用文献のまま）に月給五弗を増給した。明治二年二月、船工職「ポン」は月給七十弗、継雇年限一年にて留まっている。

明治二年五月の横須賀製鉄所雇仏国人明細表には、船工職「ポン」の雇入れ年月日は一八六六年三月十五日、満期年月日は一八七一年三月十六日、月給七十五弗、年齢三十六年五ケ月と記録されている。

雇仏国人は、慶應二年十月三日総員が横須賀製鉄所に到着した。

このような時間的経緯を踏まえると、横須賀製鉄所では慶應二年十月以降、「潜水機械」が使われ始めたとみられる。

「潜水機械」とは、どのような潜水器械だったのか。

残念ながら、横須賀製鉄所で使われた「潜水機械」の図や説明文などが、これまでのところ、著者の力量ではどうしても見出せない。

これは推測だが、シーべとゴルマン、二人が考案製作したヘルメット式ゴム衣潜水器械、それに潜水夫が被るヘルメット（潜水兜（かぶと））へ空気を送るフランス式潜水ポンプではなかったか。

英京ロンドン、デンマーク通りにあったシーべアンド　ゴルマン製ヘルメット式ゴム衣潜水器械やヘルメットに空気を圧縮送気する二気筒・空冷・手押しフランス式潜水ポンプと三気筒・水冷・手回しイギリス式潜水ポンプはともに、すでに幕末、横浜に入ってきていた。いずれも実用向き新鋭潜水器械であった。

横須賀製鉄所は建設構想立案時から、フランス人技術者が主導していた。建設地選定にあたってもフランス、地中海に面したツーロン軍港に地形がよく似ている横須賀湾が選ばれた。『横須賀海軍工廠の創設と仏蘭西人の見たる黎明期の日本』に載る「慶応元年横須賀工廠を設計した時敷地選定の爲ヴエルニー氏が蒐めたるツーロン軍港と横須賀灣との透写図」で見比べると、両者の地形は驚くほど似ている。製鉄所はフランスの技術をもって建設され、フランス人が多く加わって運営された。

このような状況にあったから、潜水ポンプは自国フランス式潜水ポンプを持ち込んだにちがいない。

書き手が証拠も示さず勝手に推測を重ねて記すことは実にたやすい。この方が話の筋立が見掛け上整って見えるから、読者の受けがよいかもしれない。だが、安易な推測は避けねばならない。その場は良くても、後々になって、歴史上の事実のように取られて史実を歪め伝えてしまう危険性をはらむ。

しかしながら、実証する実物や記録文書をどうしても発見できない。著者はこれまでのところ真実を突き止め得ないでいる。だれかが、正しい青史を明らかにすることを願っている。

ところで、時というものは確実に刻むものだ。その進みに即して人は事を処していく。

慶應三年十一月、朝廷は将軍徳川慶喜（よしのぶ）に参内を求め、大政奉還の勅許御沙汰書を渡した。慶應四年一月、王政復古宣言がなされ、同年九月三日、天皇睦仁（むつひと）は江戸を東京とする詔書を発し、同十月二十三日、明治と改元された。

横須賀製鉄所は新明治政府が接収し、明治元年四月二十日横浜裁判所総督が管理した。江戸幕府営から明治政府営にかわった。

明治四年四月九日には、横須賀製鉄所は横須賀造船所と改称された。潜水器械は、横須賀製鉄所につ

潜水器械蛇様人営業手續書
一 英國ニーセゴルマン製造ナル「ダイウブワアー」水潜器械
渡来後外國人ヲ依頼シ御國人ノ企業ヲ

返戻其旨相達候也
明治十一年十一月廿一日
千葉縣
勸業課

明治11（1878）年11月21日付け
千葉県勧業課文書（一部）

づき横須賀造船所内で使用された筈だ。これも史料的に確認できないが、造船所の潜水器を所外で使うことはなかったようだ。

横須賀造船所は、のちに大日本帝国海軍、横須賀軍港の中核施設の一つとなる。

萬吉が購入した潜水器

民間人、増田萬吉は、仲間の醵金(きょきん)をもってしても潜水器を買い入れている。有志が出し合った金銭で購入した潜水器はどんな型の潜水器だったのだろうか。

明治十一(一八七八)年、「神奈川縣下武州久良岐郡横濱石川町壱丁目百七十番地」増田萬吉が、内務卿伊藤博文(ひろぶみ)殿あてに差し出した文書が『潜水企業ノ起因及全望』に採録されている。武蔵国(むさしのくに)は別称、武(ぶ)州(しゅう)という。

この文書に、次の一文がある。

吾輩有志ノ醵金ヲ以テ晩今英國新発明ナル(ダイウブワアー)水潜器械ヲ購求シ已ニ試驗セシニ果シテ効驗アレハナリ之レニ依リテ有志ノ者協心我カ水潜ノ業ヲ興起盛大ナラシメント欲ス

文中、吾輩は増田萬吉であり、萬吉が醵金により買い求めた潜水器械は、英国で新たに発明された(ダイウブワアー)水潜器械であった。なお、潜水業、潜水器は、明治期には水潜業、水潜器とも書かれていた。

この文書のほかにも、(ダイウブワアー)水潜器械については、明治十一(一八七八)年十一月二十一日付け千葉県勧業課文書の中に記載されている。千葉県勧業課文書は、第一大区一小区内、安房郡滝口村豊崎盛禅が潜水器械を以て採鮑営業の儀を出願したのに対して、該器は既に試験を終わっているのか、該器による鮑漁手続き(アワビ漁業の遣(や)り方)はどうなされるのか等々を詳細に調べ直して再出願するよう返戻（へんれい）を達した文書である。この中に「潜水器械蚫採人営業手續書」が綴じてあり、そこに次のように書かれている。蚫は、あわび、ほうと読む。

一英國シーベゴルマン製造ナル〔ダイウブワアー〕水潜器械渡來後外國人ヲ依頼シ御國人ノ全業ニアラザリシニ之ヲ憂フルアツテ實地経験方今（略）

　これらの記述から（ダイウブワアー）水潜器械は、英国シーベ　アンド　ゴルマンが製造した水潜器械だとわかる。

　一九九四（平成六）年現在、ロンドンで営業を続けているSiebe Gorman Co. Ltd.は、一八一九年に創業した。創（はじめ）から順に、①A.Siebe　②Siebe & Gorman　③Siebe Gorman & Co. と社名を変えて一九九四年に至っている。前記した二文書に書かれた潜水器は、はじめから二番目の社名 Siebe & Gormanの時に販売されたヘルメット潜水器となる。

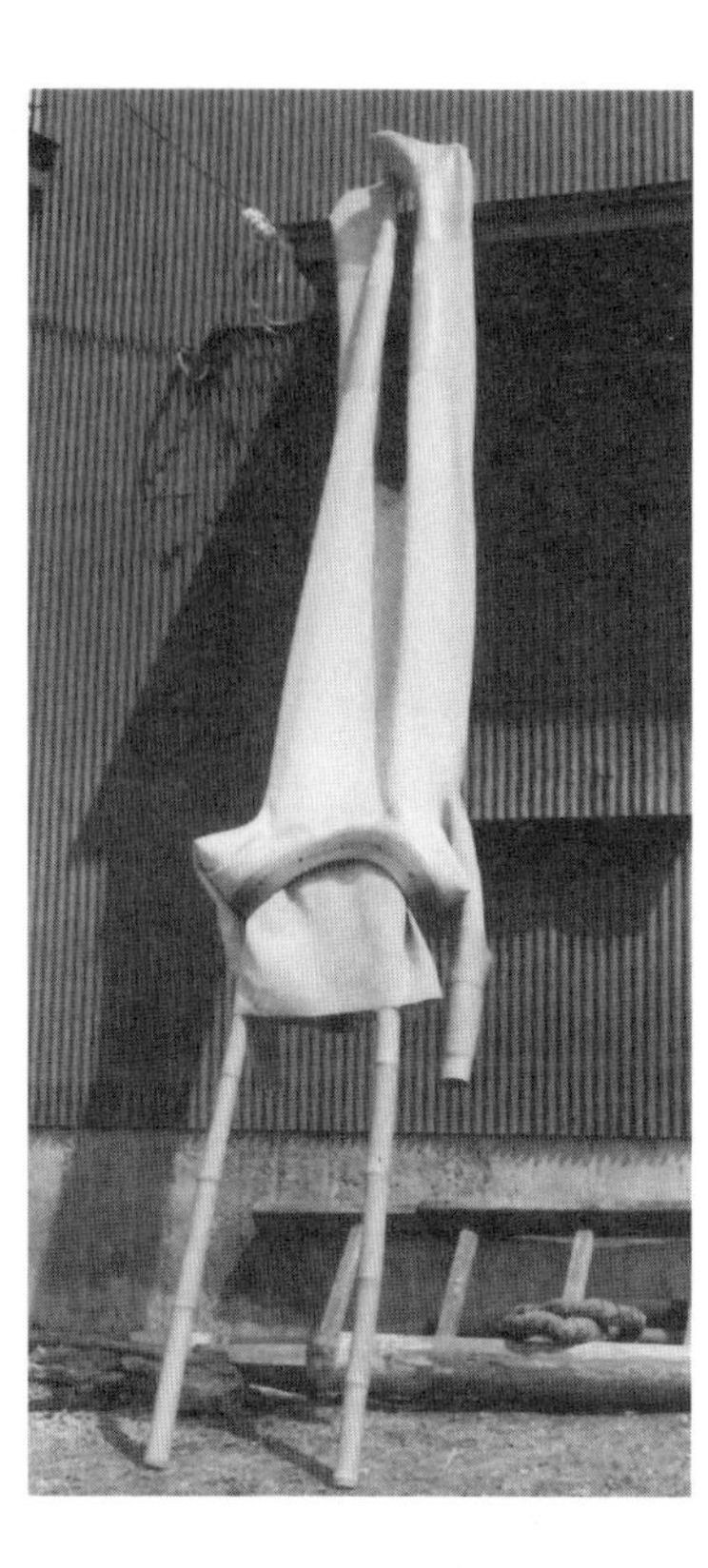

干してある潜水服
真水で洗った後、竹をさし
足部を上にして干してある
昭和56（1981）年7月26日
千葉県夷隅郡大原町にて撮影

シーベとゴルマンの二人が考案製造した水潜器械（ダイウブワアー）を、おそらく英語diver（ダイバー）を、日本人が（ダイウブワアー）と聞き取り、耳でとらえた音のままに片仮名表記し、これが用いられたものと著者は判断している。英国シーベ　アンド　ゴルマン製潜水器械の固有名詞として（ダイウブワアー）と称したのか、水に潜る物（潜水器械）、水に潜る人（潜水人）の意味で、普通名詞として（ダイウブワアー）を使っているのか、これら二例だけでは判断がつかなかった。

英国製ヘルメット式ゴム衣潜水器械が日本に入ると、それを模して、東京にある官営工場や東京、横浜で営業する民営工場が製作した。萬吉は、これら国産ヘルメット式ゴム衣潜水器械を主に買い、使っていた。

後述する『有限責任内外潜水業請負会社創立之旨趣』文書に、「不廉ナル欧米製ノ船来ヲ拒ミ代フルニ廉直ナル本邦製ヲ以テ」と創立発起人が書いている。萬吉は創立発起人総代であった。国産潜水器の方が舶来潜水器より価格が安かった。

潜水服

ヘルメット式ゴム衣潜水器械で潜水する時には、ゴム衣あるいは潜衣と呼ばれた潜水服を着る。潜水夫は潜水服を着る前に、両手首に薄いゴムを巻いておく。ゴムの代わりにヒラミルという海藻を天日で乾して巻く潜水夫もいた。

潜水服はゴム引きした厚手ズック製で、足先まで入る上下がつながった、いわゆる繋ぎの強強（ごわごわ）で、だぶだぶの服だ。ズックは棉（めん）の太撚糸で地を厚く平織りした織地であり、これにゴム引きし、裁断して潜水服に仕立てた。

潜水夫はこれを自分で着て、潜水靴を履かせてもらう。潜水ヘルメット（胴鉢（北海道開拓使文書のまま）、潜水兜（かぶと）、釜（かま）とも呼ぶ）を頭にかぶせてもらう準備ができた。ここで胴鉢は銅鉢であり、銅でつ

潜水準備を終えた山本アワビとり潜水夫
　両手に送気ホースを持ち、その先にヘルメットが見える
昭和56（1981）年6月8日、この日最初の潜水前、千倉町
千田港から出港した広浜丸にて撮影した
　スコッチを着てへさきに座る人は交代潜水夫

くった鉢という意味の呼び名だ。

潜水ヘルメット

武士が戦うときに被る兜は鉢と錣からなる。潜水夫が潜るときに被る潜水ヘルメットも釜と錣からなっている。

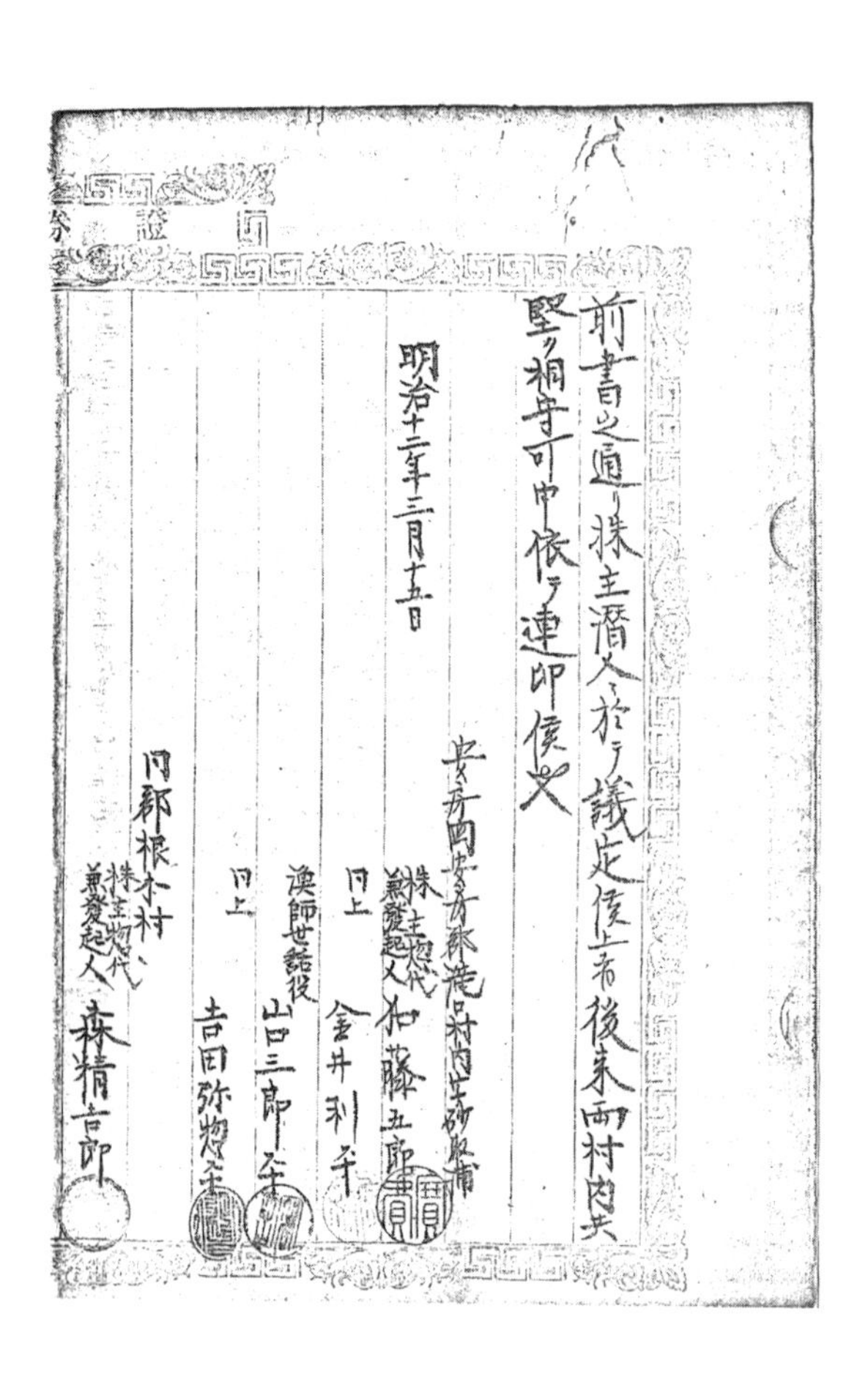
前書之通リ株主潜人ニ於テ議定候上ハ後来両村内共
堅ク相守可申依テ連印候也

明治十二年三月十五日

安房国安房郡滝口村内砂取浦
株主惣代兼発起人 和藤五郎
同上 金井利平
漁師世話役 山口三郎平
同上 吉田弥惣平
同郡根本村
株主惣代兼発起人 森精吉郎

『器械潜リ人ト株主議定帳』（一部）
たて25.7cm　よこ16.8cm

まず、着た潜水服の首回り両肩あたりに、潜水服の上から錣を取り付ける。潜水服の首回りゴム部に錣（または錏、肩金、兜台ともいう）を置く。しころのボルトを潜水服襟ゴムのボルト孔に通して、上から当て金（押え金ともいう）を当てて蝶ねじで締め付け、潜水服襟ゴム部と錣を水密に合わせ固定してもらう。これで釜を取り付ける準備が整う。

次に、釜を頭の上から被せてもらう。釜基部をしころの首輪に合わせて嵌め込み、少し廻してもらって固定し気密とする。丁度、瓶詰めでガラス瓶の円い口に金属の円形蓋をかぶせ、ねじ蓋（スクリュー式）のように何回も廻すのではなく、少しだけ廻してきゅっと噛み合わせ、しっかり蓋をするハネックス式と同じような遣り方で固定する。潜水ヘルメットでは、さらに安全をとる。ヘルメットが元へ戻って緩まぬように、しころから出ている突起にヘルメットからの細綱を掛けておく。こうしておけば、潜水しても安心だ。空気は洩れない。潜水夫は濡れない。

潜水ヘルメットをかぶる前に、潜水服の上から、しころの胸と背の突起に鉛錘を細綱で下げて（吊るして）もらっておく。ヘルメット内、前上部へ入ってくる空気はヘルメットをかぶる前から送気され続けられている。

水底に下りれば、歩行したり匍匐したり仰向けにもなれ、各種の水中作業ができる。ただ潜水服中の空気が足の方にたまらないようにしなければならない。空気は軽いから、逆さまになる危険性がある。

ヘルメット側面下部にある排気弁（キリップ）を側頭で押して排気する。潜水夫は頭部の、キリップが当たる位置に鉢巻をしている。

神奈川県や千葉県では、潜水師増田萬吉や事業経営者森精吉郎らによって、早い時期にヘルメット式ゴム衣潜水器が使われ始め、両県で多くの潜水夫、綱夫が養成された。

千葉県では潜水夫らの潜水器技術伝習はどう行われたか。次に、人を中心にその状況をみていく。

根本村で潜り方伝習

千葉県における、潜水夫と生綱引養成状況は、ともに森家文書である明治十二（一八七九）年三月十五日付け『器械潜リ人ト株主議定帳』と明治十八

（一八八五）年九月十三日に結ばれた『潜水器械潜方手術及生綱引手術傳習盟約』とにより知ることができる。当時、空気を送るホースをイキツナといった。生綱引とは船上でのホース持ちを指す。

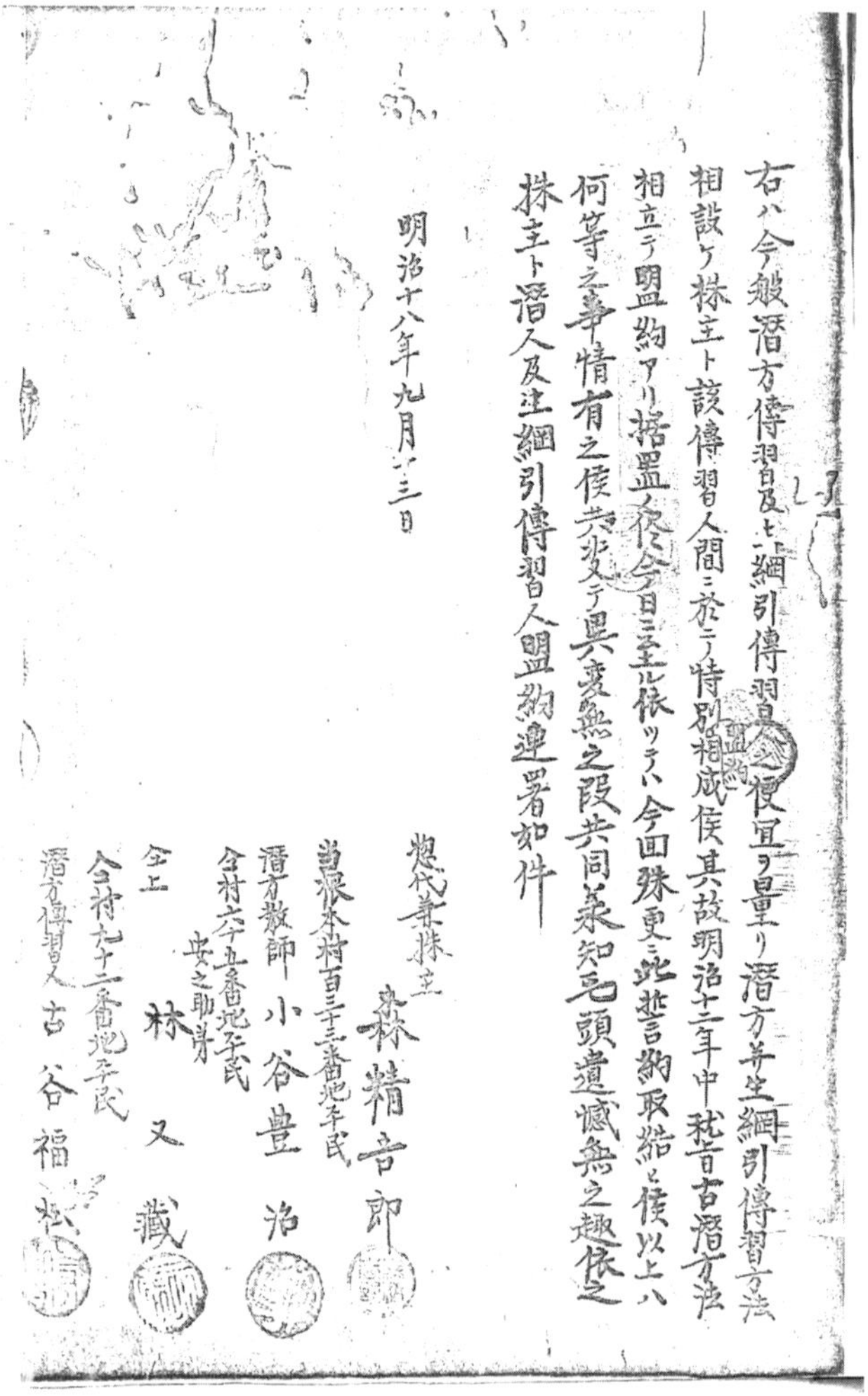

『潜水器械潜方手術及生綱引手術傳習盟約』（一部）
たて 25.6㎝　よこ 16.8㎝

まず『器械潜リ人ト株主議定帳』によれば、根本村の林文藏、小谷治郎平が明治十一（一八七八）年七月中、増田萬吉から潜水術の伝習を受け、両人はさらに明治十一年十二月十日から明治十二年三月十五日まで潜りの稽古をしている。その後潜水技術を習った者は次の十名である。

明治十二年三月十六日から稽古を始めた者

　小谷豊治　小谷巻太郎　林常八　吉田夘之助

　河田市松　早川兼松

明治十二年六月十五日から稽古を始めた者

　出崎豊吉　山本馬之助

明治十二年九月十日から稽古を始めた者

　庄吉　鈴木喜八

ここで、右に挙げた小谷豊治、小谷巻太郎、林常八、出崎豊吉、山本馬之助、庄吉、鈴木喜八は根本村村民であり、吉田卯之助、河田市松、早川兼松は「滝口村内字砂取浦」の人であった。

次に『潜水器械潜方手術及生綱引手術傳習盟約』は、惣代兼株主の森精吉郎と潜方教師、潜方伝習人、生綱引伝習人、伝習人保証人とが結んだ盟約である。

精吉郎は潜水器一台を根本村地先へ差し入れ、小谷豊治や林又藏、林文藏、小谷定吉、小谷金五郎、小谷三之助、小谷治郎平、小谷巻太郎、若佐金治、森長四郎、小谷寅吉を潜り方教師として、根本村在籍の希望者に潜水技術と生綱操作技術を伝習させた。この盟約に連署している潜方伝習人は次のとおりで、三十九人である。

潜方教師	根本村百三十三番地	小谷豊治
仝上	仝村六十五番地	林　又藏
潜方傳習人	仝村九十二番地	古谷福松
潜方傳習人	仝村百八番地	小林萬吉
潜方傳習人	仝村百三十一番地	鈴木喜八
潜方傳習人	仝村四十六番地	森　善九郎
潜方傳習人	仝村百十二番地	小谷丑松
潜方傳習人	仝村七十五番地	佐野卯之助
潜方傳習人	仝村九十七番地	小谷留吉
潜方傳習人	仝村九十番地	林　藤吉
潜方傳習人	仝村百十三番地	佐野浪五郎
潜方傳習人	仝村十番地	小谷万吉
潜方教師	仝村廿一番地	林　文藏

潜方教師	仝村九拾九番地	小谷定吉
潜方傳習人	仝村廿五番地	森　仙之助
潜方傳習人	仝村十八番地	林　兼吉
潜方傳習人	仝村百四拾八番地	小谷力藏
潜方傳習人	仝村百五十番地	京郷長松
潜方傳習人	仝村六十七番地	山本礒吉
潜方傳習人	仝村五十九番地	守　文治
潜方傳習人	仝村十四番地	林　寅吉
潜方傳習人	仝村五十七番地	森　音吉
潜方傳習人	仝村四十五番地	小谷德之助
潜方傳習人	仝村九番地	永井文藏
潜方教師	仝村四十八番地	小谷金五郎
仝上	仝村七十六番地	小谷三之助
潜方傳習人	仝村八十三番地	森　八五郎
潜方傳習人	仝村八十七番地	林　長松
潜方傳習人	仝村八十番地	小谷久七
潜方教師	仝村八十八番地	小谷治郎平
仝上	仝村三十八番地	小谷巻太郎
仝上	仝村廿六番地	若佐金治
仝上	仝村十一番地	森　長四郎
潜方傳習人	仝村百三十六番地	小谷忠七
潜方傳習人	仝村三十六番地	小谷千之助
潜方傳習人	仝村三十九番地	岩田熊吉
潜方傳習人	仝村百十五番地	小谷音吉
潜方傳習人	仝村百十三番地	佐野小弥吉
潜方傳習人	仝村百弐十五番地	小谷卯之助
潜方傳習人	仝村八十四番地	古谷寅吉
潜方傳習人	仝村八番地	若佐金治
潜方傳習人	仝村廿八番地	小谷寅吉
潜方教師	仝村六番地	小谷寅吉
潜方傳習人	仝村八十八番地	小谷音吉
潜方傳習人	仝村四番地	森　周助
潜方傳習人	仝村六十番地	小谷松治
潜方傳習人	仝村四十四番地	森　市之助
潜方傳習人	仝村五十六番地	小谷由松
潜方傳習人	仝村六十三番地	小谷寅吉
潜方傳習人	仝村六十二番地	小谷信藏

神奈川県や千葉県から潜水夫、綱夫が続々と世に出る。彼らは、潜水器に魅了され、ヘルメット式ゴム衣潜水器械技術を習得し、アワビとりや沈没船、沈没物品引き揚げ、築港架橋などの潜水作業を職業とする人たちであった。後記する東海水業会社の稟告にあるように報酬もよかった。

3　増田萬吉ら内外潜水業請負会社設立

『有限責任内外潜水業請負会社創立之旨趣』

海難救助、沈没艦船引き揚げ作業などのサルベージや港湾建設、架橋基礎工事等の潜水土木作業、海底海産物採取を社業とする潜水業請負会社の起源はいつか。

史料をもって明瞭にたどれるのは、増田萬吉らが横浜市に創立した内外潜水業請負会社である。

この会社の創立経緯や萬吉の潜水事業実績などを記した明治二十二年十二月付け『有限責任内外潜水業請負会社創立之旨趣』という文書が森家に保存されている。文中、「海艸鮑魚海参類」とは、かいそう、あわび、なまこ類を指す。

本社創立ノ旨趣ハ潜水業ノ拡張ヲ図ラントスルニ膺リ同志ノ賛助ニ據リテ一ツノ合本会社ヲ創立シ国利民益ヲ謀ルノ一基礎ヲ造出セントス抑潜水ノ業タルヤ古人ノ其ノ名ヲ知リテ其ノ実ヲ知ラザルモノ夥多ナレバ従テ其ノ利益ノアル所ヲ知ラズ　是則本社ヲ創立メ事業ノ擴張ヲ望ム所以ナリ

（略）

爾来今日ニ至ル迄沈没船舶ノ採揚巖礁ノ破砕及海艸鮑魚海参類ノ捕獲其他築港架橋等ノ根石持込ミ港湾内落シ物ノ撈取ニ至ル迄總テ水底ニ委セントスル物ヲ蘇活シテ再ビ古間ノ用ニ供シタルヿ実ニ枚擧スルニ遑アラス就中沈没船舶採揚ノ如キハ巨大ノ事業ナレバ随テ其利益モ亦莫大ナリトス

従来増田万吉ガ採揚シタル船舶ノ数殆ンド百ヲ以テ算スルニ至レリ其ノ内最モ著シキ船舶ノ採揚及暗礁ヨリ引卸シタル等ノモノヲ列記スレバ概略左ノ如シ

明治四年神奈川沖ニ於テ焼失シタル米國郵便船ノ採揚ヲ始メトシテ明治八年相州三浦郡浦賀沖ニ於テ米國帆船ノ積載物（石油、石炭）ヲ採揚テ船體ヲ横

須賀ニ移ス

明治九年相州三浦郡走水村沖ニ於テ（明治二年ノ沈没）米國軍艦「オ子ダ」号ノ採揚ニ着手シ最初ニ深サ二十七尋ノ海底ヨリ大砲九門　錨二挺　鎖リ百八十尋及拾四名ノ遺骸ヲ採揚其後数千ノパイプ等ヲ採揚セシモ未ダ業ヲ終ヘズ明治九年相州三浦郡栗濱村沖ニ於テ汽船（横濱居留地海岸二十九ノ所有）早雄丸ノ採揚明治十年上總夷隅郡川津村沖ニ於テ汽船（横濱居留地海岸四番所有）「ヘルマン」号ノ採揚ニ着手シ三カ年間ヲ経テ業ヲ終ヘリ同年同所沖合ニ於テ汽船ノ採揚明治十一年磐城國前郡豊間村沖ニ於テ汽船（横濱居留地海岸四番所有）「ヱルヱル」号ニ着手シ船體及多量ノ金貨ヲ採揚シタリ明治十二年磐城相馬棚塩村沖ニ於テ鉄船ノ採揚明治十三年房州浅井郡恵美ノ沖合ニ於米國帆船ノ採揚及同浅井郡白子村沖ニ於テ（横浜居留地九十番所有）帆船ノ採揚明治十四年遠州榛原郡白羽村沖ニ於テ鉄船ノ採揚及紀州西牟婁郡周参見村沖ニ於テ鉄船ノ採揚明治十五年神戸港口ニ於テ鉄船小蝶丸ノ採揚

（以下、明治二十二年までの採揚実績が記されているが、略す）

日ニ月ニ事業ノ進歩スルニ従ヒ増田万吉ニ於テ養生シタル熟練ノ潜夫ノミモ殆ンド五百有余名ヲ得ルニ至レバ各地津々浦々ニ使用スル處ノ潜水器械　本邦製　ノ数モ殆ンド四百有余台ノ多キニ及ベリ二拾有余年間増田万吉ノ實務上ヲ調査シタル概要斯ノ如シ

（略）

漸次ニ不廉ナル歐米製ノ舶来ヲ拒ミ代フルニ廉直ナル本邦製ヲ以テシ倍々奮励シテ拡張ヲ圖リ前途ニ対シテ成効ヲ期セントスル處ナリ

謹デ四方同志ノ各位ニ向ツテ速カニ翼賛セラレンヿヲ切望スルモノナリ

明治二十二年十二月

創立発起人

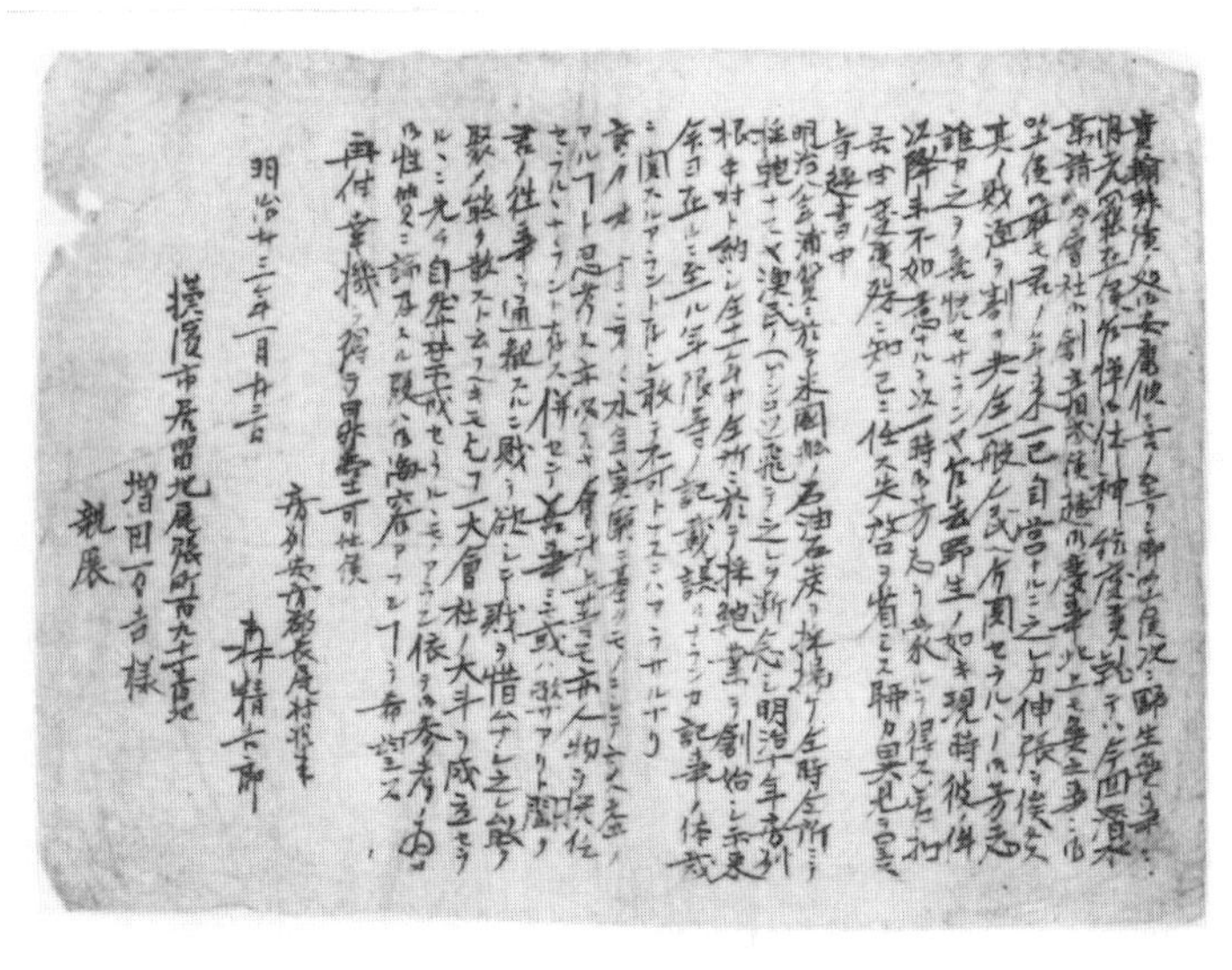

明治23（1890）年1月23日付け
森精吉郎から増田万吉へあてた書簡

明治八（一八七五）年、潜水器械採鮑の始原

ここで間の手を入れて申し訳ありません。潜水器械を使いアワビをとった始まりにつき触れておきたい。

『有限責任内外潜水業請負会社創立之旨趣』に書かれたように、増田萬吉は明治八（一八七五）年、「相州三浦郡浦賀沖ニ於テ米國帆舩ノ積載物（石油、石炭）ヲ採揚」していた。

この際、同時同所で潜水器械を使ってアワビも採った。そのことを書き記した書簡が森家に保存されている。ここでは書簡と記したが、書簡そのものか写しか控えか下書きか、これを初めて手にして読んだ一九七〇（昭和四十五）年に、著者には判別つかなかった。実物は萬吉へ送られている筈で、控えとして保存した写しの可能性が高い。

明治二十三（一八九〇）年一月二十三日付け森精吉郎から増田万吉にあてたものだ。書かれた内容は、明治二十二年十二月横浜市に有限責任内外潜水業請負会社を設立したことを萬吉が精吉郎に伝えてきた書簡に対する返信で、精吉郎が祝意を述べている。その中に次が書かれている。

明治八年浦賀ニ於テ米國船ノ石油石炭ヲ採揚ケ仝時仝所ニテ採鮑ナスヤ漁民ノ（ゲンコツ）飛テ之レヲ断念シ明治十年房州根本村ト約シ仝十一年中仝所ニ於テ採鮑業ヲ創始シ

萬吉が明治八（一八七五）年神奈川県三浦郡浦賀沖で、米国帆船の石油石炭を採り揚げ作業をしていたときに、潜水器械で潜ってアワビをとったことを記している。

『有限責任内外潜水業請負会社創立之旨趣』には、また「潜水器械ヲ使用シ鮑魚ノ捕獲ヲ始メシハ明治八年ニシテ」と記述され、「相州三浦郡浦賀沖ニ於テ器械壹臺ニ付壹日ノ收獲（以下之倣）貳百三十貫匁乃至三百貫」と、潜水器械一日一台当たりアワビ漁獲量の範囲も書いてある。範囲を挙げていることから、明治八（一八七五）年浦賀沖では、少なくとも二日は潜水器械を使って採鮑したとみてよい。

このように、萬吉は明治八（一八七五）年、東京湾神奈川県側、浦賀沖で潜水器械採鮑もおこなった。だが、アワビをとり始めて間もなく漁民の「（ゲンコツ）飛テ」、暴力沙汰が起き、すぐに潜水器械採鮑を断念した。

「（ゲンコツ）飛テ」と書かれた拳骨（握りこぶし）をくらわしたのは、潜水器械採鮑に反対する地元浦賀漁民、アワビをとる漁師であったに違いない。

明治八年以前の潜水器械によるアワビ採捕史料を著者は約六十年にわたり探し求め続けてきた。が、これまで発見できていない。これだけ探しても見つからなかったので、現在までのところで、明治八（一八七五）年が潜水器械採鮑の始原と断定した。

採鮑以外では、現在は諫早湾と呼ばれる泉水海やそれにつづく有明海の潜水器械タイラギ、ミルクイ漁業も、瀬戸内海における同漁業も、東京湾富津（ふっつ）、走水（はしりみず）、横須賀地先の同漁業も、ほかに全国の潜水器漁業についても、著者が調べた範囲では明治八年以前にさかのぼれなかった。

明治十一（一八七八）年に至って千葉県安房郡根本村で、増田萬吉らを潜り人として、森精吉郎、森惣右ヱ門、加藤五郎ほかにより潜水器械採鮑業が創始される。これが切っ掛けになり、明治十二年以降、潜水器械採鮑業が全国的にまさに一気に広がる。

このように、萬吉は、海産潜りでも先駆けなのである。

前に戻らねばならない。萬吉らは潜水業請負会社を横浜市に創立する。

今日謂う海事工事会社である。

設立された有限責任内外潜水業請負会社

「有限責任　内外潜水業請負会社創立願」が「神奈川縣横濱市居留地尾張町百九十一番地　平民　創立発起人参拾弐名　總代　増田萬吉　㊞」名にて、明治二十二（一八八九）年十二月十日付けで、「神奈川縣知事　沖　守固殿」あて「御許可被成下度此段奉願候也」と認めて提出された。

この願いには、同日付け、「横濱市長　増田　知［印］」も列記されている。

この結果、明治二十二年十二月十九日付け「農甲第七百七十九號」をもって、「神奈川縣知事　沖　守固［印］」名にて、「書面願之趣追テ一般会社條例制定施行相成候迄相對自営ニ任セ候事」と、設立が許可された。文書には、割印が押されていた。条件付き許可であった。

この文書の起案書も原本も、現時点までに著者には見付けることができなかった。

横濱市居留地尾張町百九十一番地に同社の事務所が設けられた。

明治二十二（一八八九）年十二月二十一日付け『毎日新聞』に、内外潜水業請負会社設立につき設

○内外潜水業請負會社　今度横濱の潜水者増田萬吉氏を始め三十餘名の發起にて標題の如き會社を設立せんとて趣意書を添へ神奈川縣廳へ出願したるに一昨日認可せられ居留地内尾張町百九十一番地へ假事務所を置きたる由會社の資本金は拾萬圓とし發起人之を負擔して他よりは募集せざる趣なり

明治22（1889）年12月21日付け
『毎日新聞』第三面第四段
「内外潜水業請負會社」記事

立趣意書を添えて神奈川県庁へ出願し、一昨日認可され、居留地内尾張町百九十一番地へ假事務所を置きたる由「會社の資本金は拾萬圓とし發起人之を負擔して他よりは募集せざる趣なり」と報道された。

　有限責任内外潜水業請負会社は、国内外におけるサルベージ等事業を請け負う、まことに気宇壮大な会社であった。

東京三田にあった東海水業会社

　増田萬吉ら計三十二名が横浜市に設立した有限責任内外潜水業請負会社以外にも、潜水業営業会社が東京府に開業していた。東海水業会社である。会社が稟告すなわち告知文書を出している（森家文書）。

　稟告を紹介しよう。文中、「這回」は、しゃかいと読み、このたびという意味だ。

夫レ本社ノ業務タルヤ日進月歩ノ今日ニ於テ必要ナル敢テ識者ヲ俟タスシテ明ナリ本社茲ニ感アリ這回歐米各國ノ同業会社ト其気脈ヲ通ジ博ク公益ヲ企圖スルヲ以テ目的トシ海ノ内外遠近ヲ問ワズ左ノ業務ニ従事ス乞フ世ノ公益ヲ重セラルヽ諸彦幸ニ愛顧セラレンヿヲ

但本社ハ世上ニ株金ヲ募リ或ハ他ニ補助等ヲ仰クモノニアラズ泰西ノ開明主義ニ則リ東洋唯一ノ獨立営業会社タリ

○　沈没船艦並各般ノ仝物件賣買及撈揚方

○　水底岩石破砕及水中一切ノ事業請負

○　水底宝石及各種貝類ノ撈取

○　其ノ他總テ水底ニアル百般ノ遺利ヲ撈拾スルヲ以テ本務トス

本社ハ其第一着手トシテ相州三浦郡走水沖合ニ沈没シアル米国廃艦オネダ号ノ撈揚事業ニ従事ス

○潜夫（キカイハダカ）数名試験ノ上募集ス望ミノ者ハ至急来社アレ但有名ノ潜夫ハ試験ヲ要セズ直ニ貳百圓迄ノ給料ヲ以テ雇入ルヘキニ付電報又ハ郵便ヲ以テ申出アルモ苦シカラズ

東京三田聖阪

東海水業会社假事務所

追テ内外便宜ノ地ニ分支社並ニ出張店ヲ設置ス

「東京三田聖阪　東海水業会社假事務所」（引用文献のまま）と書かれた上部に、水の字を図案化した同社社標が描かれている。

この稟告には年月日も姓名も記されていない。だから有限責任内外潜水業請負会社と東海水業会社と、どちらの会社が早く設立されたのか、明らかにできない。

また、海事工事会社設立経緯を記した森家文書よりも遡れる古い史資料を未だに探し出せないでいる。

稟告に書かれた水底宝石とは、真珠を指す。真珠を得るために、当時、長崎県ではアコヤガイ（阿古屋貝）を潜水器械で潜って採捕した。

濠洲ではシロチョウガイ（白蝶貝）を潜水器械採捕していた。シロチョウガイは貝殻をボタン材料にするほか、軟体部や貝殻内側真珠層面につくられる真珠も副産物として得ることができた。

米国カリフォルニア州モントレーにおける潜水器械採鮑業でも、干鮑や缶詰、ステーキ材料にアワビを獲ったが、漁獲アワビから得られた真珠につき、その配当金を経営者が従業員へ支払っている。例えば、一九〇六（明治四十）年八月二十二日から十二月三十一日までの真珠配当金二十弗を川上長松が受け取っている。

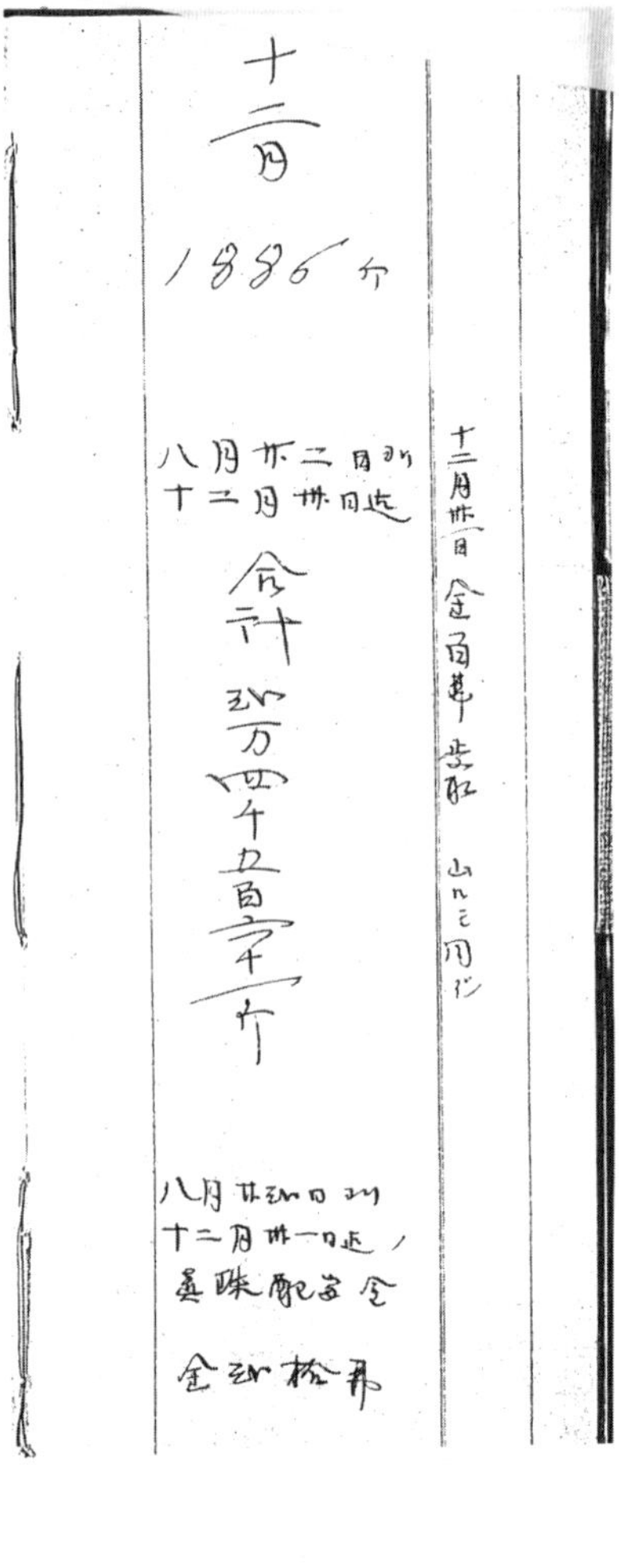

明治40（1906）年米国モントレーで
川上長松が受けた真珠配当金

潜水業の三分野

潜水夫が水中で働く作業分野は、前掲した東海水業会社稟告にも記述されていたようにサルベージ潜り、築港潜り、海産（かいさん）潜りの三分野に分けられる。

著者が、千葉県と和歌山県、三重県、岩手県下で、潜水分野につき潜水夫から聞き取り調査した結果、今日の潜水夫仲間も同じく潜水業務をサルベージ潜り、築港潜り、海産潜りの三つに仕分けている。築港潜りは、今は港湾潜りとも呼ばれる。

サルベージ潜り

遭難船救助や沈没艦船、沈没物品引き揚げ、沈没船体をダイナマイトで爆破し、引き揚げに適した大きさに分解する、いわゆる解撤(かいてつ)作業に携わる等の潜水業務潜水夫を指す。

築港潜り

港湾建設や架橋ダム建設基礎工事、安全な港内確保のため船の航行に危険な岩礁を爆破し、海底沈下物を除去する等の水中建設作業分野であり、それに当たる潜水夫をいう。土木建築の基礎工事を行う際、コンクートで箱型の基礎を造り所定の位置に沈設する潜函(せんかん)（ケーソン）工法に当たる潜水夫もここに入る。

海産潜り

アワビやナマコ、タイラギ、シロチョウガイ、ホタテガイ、ホヤなどを漁獲する漁業分野、これらを漁獲する潜水夫をいう。普通、潜水夫が生活する地方の海で、海産生物を潜水器械漁獲する。

多くの水産生物では、旬(しゅん)を中心に漁期が定められる。また、その生物の産卵期には禁漁となる。この時は採捕ができないから、漁獲物を変えて他の海産潜りに転じる潜水夫もいる。千葉県には、タイラギ漁、アワビ漁とホタテガイ漁との組み合わせがあった。潜水夫によっては、分野の違う、たとえば築港潜りに従事する場合や他海域へ潜水器漁出稼ぎする場合もある。

潜水夫は、それぞれ稼ぎの元となる慣れ親しんだ得手(えて)潜り分野を持っている。中には、前記のように、異なる潜水分野をうまく組み合わせて長期に稼ぐために、一つの潜水分野に固執せず、複数分野を季節的に掛け持ちする潜水夫もいる。

4　外国の海に潜り始めた日本人潜水夫

外国へ出向いた最初の潜水夫

外務省外交史料館には、慶應年間からの旅券下付返納史料が所蔵され、詳しく調べると昭和十九（一九四四）年までの史料が公開されている。

この公開史料に基づく限り、日本人潜水夫が初めて海外へ出向いたのは、明治十六（一八八三）年である。三十七名が英領濠洲トレス海峡サーズデイ・アイランド（木曜島）へシロチョウガイ（白蝶貝）採取の海産潜りに出稼ぎした。

法にのっとり海外旅券を下付されて外国へ潜りの出稼ぎに出た。もちろん、密航したり不法出国したりした潜水夫は、この史料に含まれない。

著者も、外務省外交史料館所蔵史料を用いて、三十七名の木曜島渡航までに果たした増田萬吉の役割や尽力、行動、萬吉名の文書、さらに出稼ぎ潜水夫らの氏名、年齢、本籍地、住所、渡帰航状況、現地における操業、事故、日常生活実態、疾病、死亡、警備、死亡後の未払い給金の支払いなどをつかみ、『房総から広がる潜水器漁業史』に述べた。ただし三十七名には、潜水夫のほか綱引き、手伝い、通弁も含んでいる。

上述拙本で、静岡県出身、三十三歳、職業潜水業の漆畑房吉を添畑房吉と読み間違え、三か所に添畑と誤って書いてしまった。遅ればせながら、ここに訂正して、謹んでお詫びします。

明治十六（一八八三）年濠洲へ潜水業に出稼ぎした三十七名の本籍地を、もう一度府県別に整理してみる。

神奈川県　十九名
千葉県　五名
東京府　三名
長野県　二名

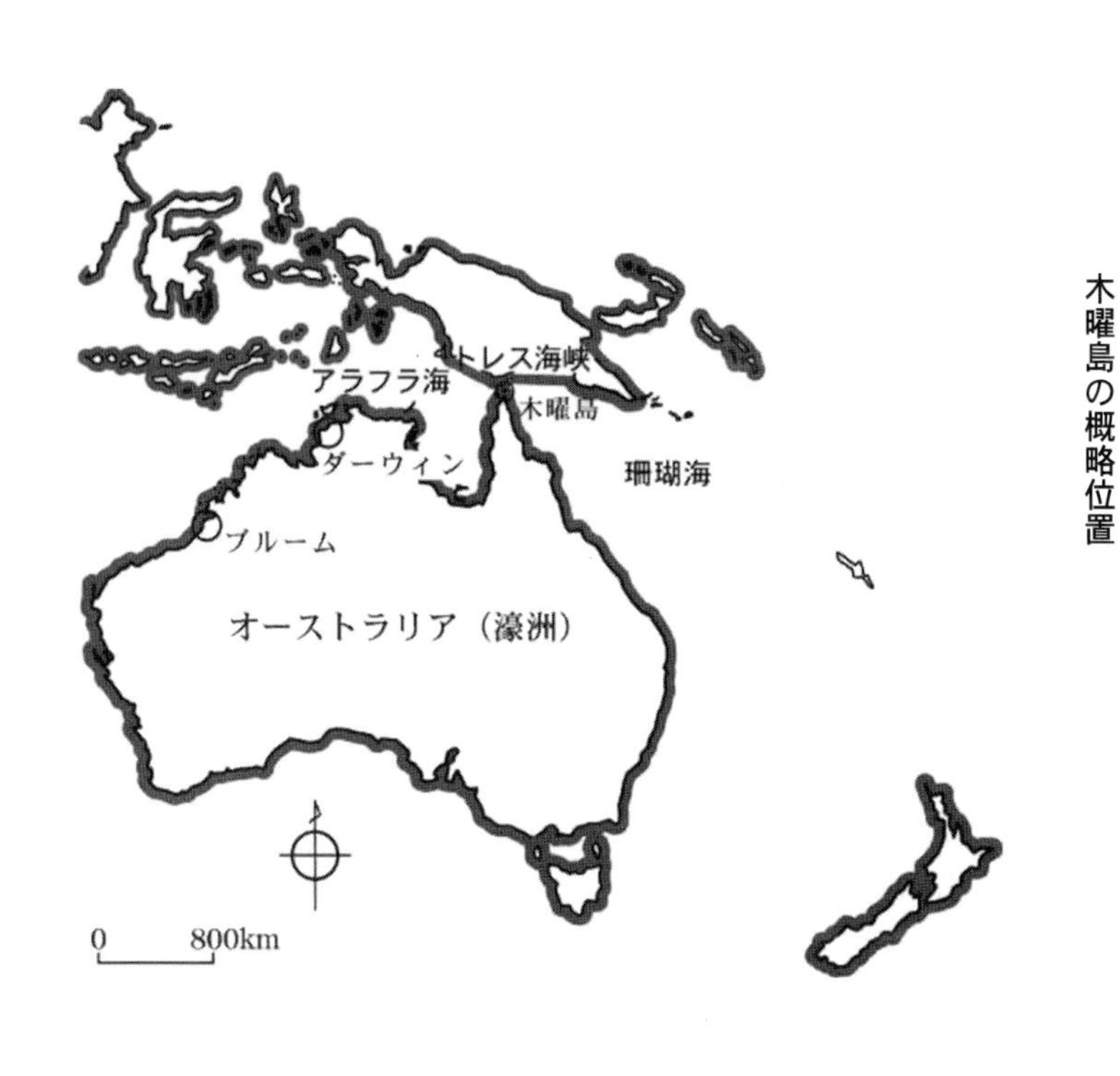

木曜島の概略位置

福井県　　二名
静岡県　　一名
大阪府　　一名
兵庫県　　一名
鳥取県　　一名
広島県　　一名
長崎県　　一名

横浜在住の増田萬吉が志望者を纏めたから、東日本に本籍地をもつ潜水夫が多くなり、西日本の府県に本籍地を置く者は少ない。茨城県以北と石川県以北に本籍地がある潜水夫はいない。

神奈川県に本籍地を置く十九名の住所を抜き出してみた。

三浦郡　走水村　　四名
　　　　浦賀洲崎町　一名
　　　　上宮田村　　一名

横浜区　野火村　一名
　石川仲町　二名
　長者町　一名
　不老町　一名
　弁天通　一名
　枀影町　一名
　平沼村　一名
鎌倉郡　坂之下村　一名
　腰越村　一名
橘樹(たちばな)郡　山下村　一名
高座(こうざ)郡　中河内村　一名
南多摩郡　八王子駅元横ノ山町　一名

三浦郡走水村と横浜区とで、十九人中十一名を数える。

そして、本籍地が神奈川県ではない他府県者全員が、横浜区石川仲町一丁目三十番地、増田万吉方に寄留し、この寄留地をもって神奈川県庁に旅券下付申請し、ここで旅券を受け取った。

三十七名の年齢構成をみると、二十歳から三十四歳までの年齢階級が七十三パーセントを占める。平均年齢は二十九・六歳だ。

潜水夫海外出稼ぎ空白期間

明治十七（一八八四）年から明治二十（一八八七）年まで四年間、海外旅券を下付された潜水夫を外務省外交史料館所蔵史料に発見できない。

この四年間は、密航や密出国した潜水夫、綱夫を除いて、現在、外務省外交史料館で閲覧できる旅券下付返納史料による限り、海外出稼ぎ潜水夫記録空白期間となる。

海外へ出稼ぎした潜水夫

この空白期間を過ぎて明治二十一（一八八八）年に至ると、九州から清国へ渡る潜水夫が現れてくる。続く明治二十五（一八九二）年までの間に、渡航主意「潜水業」、「沈没船引揚」などのために旅券を下付された潜水夫が次々に出現する。渡航主意とは渡航目的である。

より具体的にみていく。

熊本県、長崎県から清国汕頭へ

海産潜り以外では初めて、明治二十一（一八八八）年五月二十二日、「水潜業」という渡航主意にて、次の住所の三名が旅券を下付されている（表1）。

熊本県天草郡亀川村　　澤田清太郎
長崎県西彼杵郡下長崎村　水ノ江啓次
長崎県南高来郡布津村　　石橋伊惣次

本籍地も、それぞれ住所と同じ県にある。

渡航主意「水潜業」は潜水業と同義である。渡航先は三人とも清国汕頭と記載されている。

澤田の旅券は明治二十二（一八八九）年三月に、水ノ江の旅券は明治二十三（一八九〇）年一月に、石橋の旅券は同年四月三日にそれぞれ返納されている。

清国汕頭は、南シナ海に面した清国南部沿岸、香港の北にある広東省汕頭港を中心とした港町だ。

三人の渡航主意は「水潜業」と書かれ、具体的に水潜業の詳しい内容までは記載されていない。築港潜りかサルベージ潜りか、わからない。

翌明治二十二（一八八九）年にも、「水潜職」、「水潜業」で旅券を下付された三人が汕頭行き旅券を下付された（表2）。すなわち熊本県に本籍地があり長崎市銀屋町に住む澤田清太郎、本籍地熊本県、住所長崎県西彼杵郡淵村の井手九市、本籍地熊本県、住所長崎市銀屋町、園田モカが汕頭へ続いた。

この後、汕頭は日本人潜水夫らの、有力な潜水業出稼ぎ地となる。

年　齢	渡航主意	渡航先	旅券下付年月日	旅券返納年月日	旅券事務官庁
33.9	水潜業	汕頭	明治21．5.22	明治22．3	長崎県庁
35.6	〃	〃	〃	明治23．1	〃
37	〃	〃	〃	明治23．4．3	〃

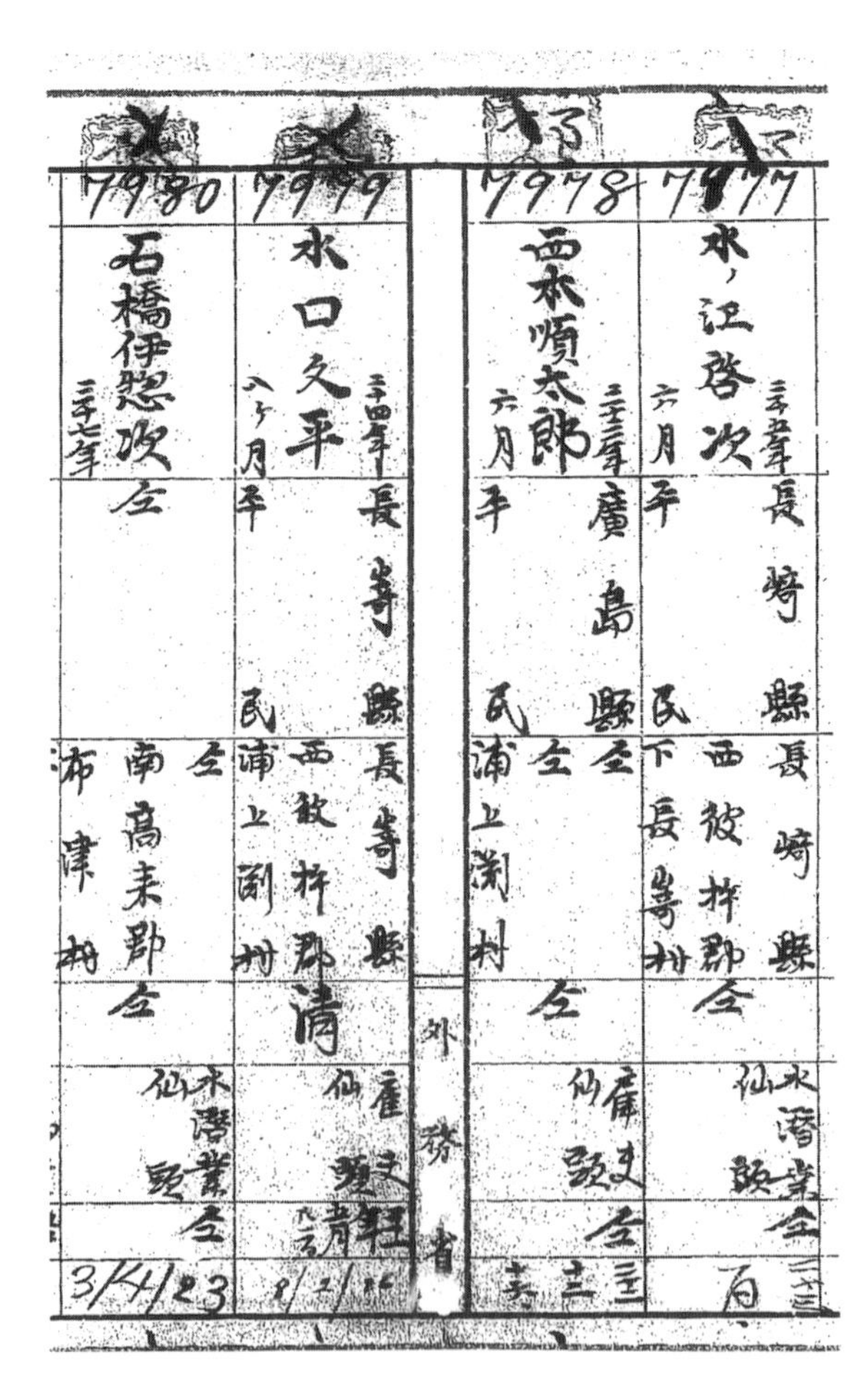
7977
水ノ江啓次
三十五年六月
長崎縣平民
長崎縣西彼杵郡下長崎村
仝
水潛業
汕頭
仝

7978
西本順太郎
三十三年六月
廣島縣平民
仝
浦上淵村
仝
雇夫
汕頭
仝

7979
水口文平
三十四年八ヶ月
長崎縣平民
長崎縣西彼杵郡浦上淵村
清
雇
仝

7980
石橋伊惣次
三十七年
仝
仝
南高来郡布津村
仝
水潛業
汕頭
仝
3/4/23

水ノ江啓次と石橋伊惣次に下付された旅券内容
（長崎縣海外旅券勘合簿）

表１　明治21（1888）年、清国へ渡った潜水業者が下付された旅券内容

旅券番号	姓　　名	本籍地	住　　所
7974	澤田清太郎	熊本県	熊本県天草郡亀川村
7977	水ノ江啓次	長崎県	長崎県西彼杵郡下長崎村
7980	石橋伊惣次	長崎県	長崎県南高来郡布津村

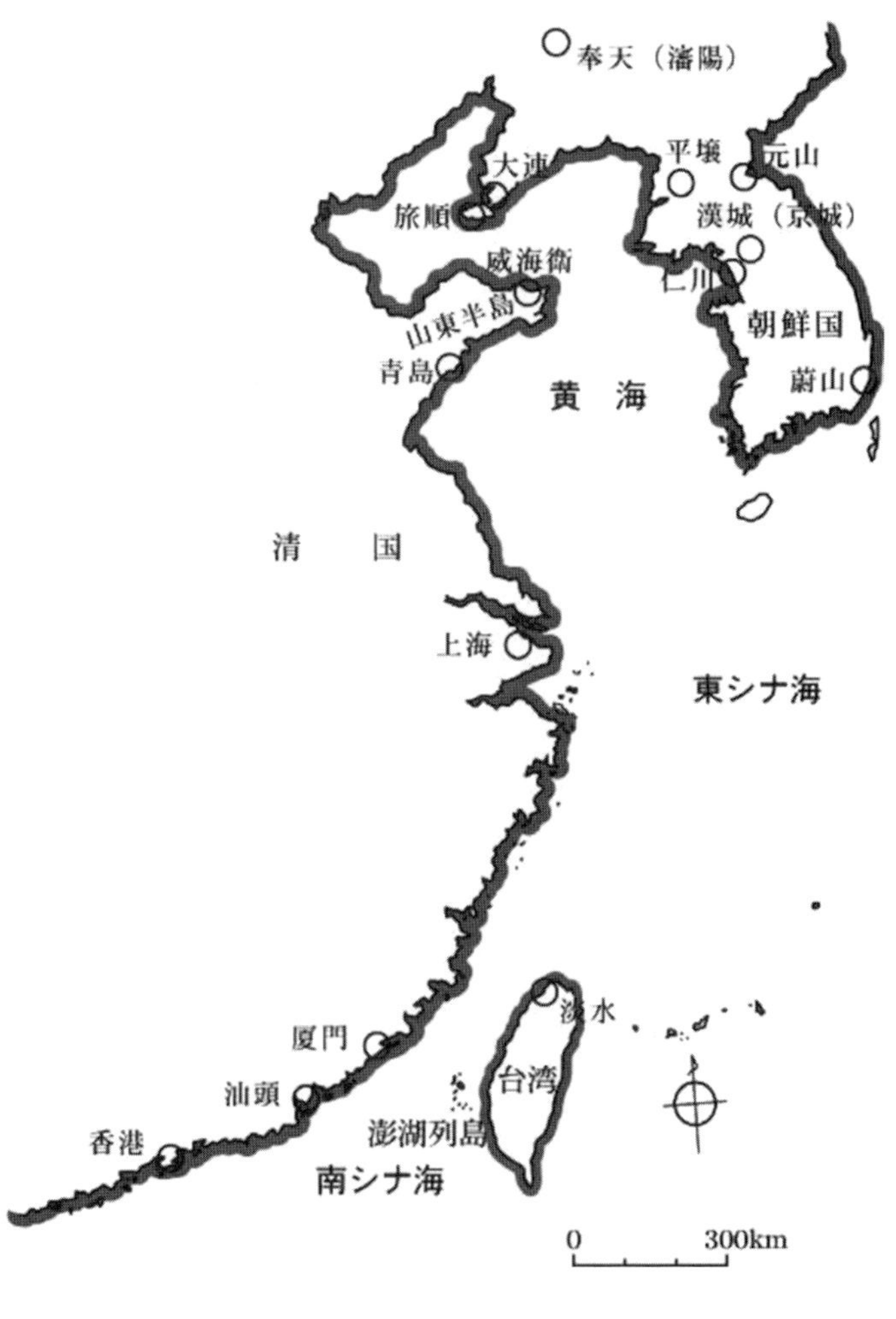

清国、朝鮮国の関係地

沈没船採揚のためサガレンへ

明治二十二（一八八九）年七月十日には、静岡県賀茂（かも）郡の二名が旅券を交付された。

賀茂郡子浦村　太戸太之助
賀茂郡妻良村　簾（レン）田勇吉

旅券内容は、二人とも「沈没船採揚ノタメ薩沿連」とある。本書ではやむなく簾、沿と表記した。

露領薩沿連はロシア領サガレンSaghalienで、サハリンSakhalinの古い呼び方であり、日本では、サハレン、薩沿連、薩哈嗹とも表記された。日本語名は樺太（からふと）という。

太戸と簾田は、明らかにサルベージ業務で海外旅券を下付された最初の日本人といえる。

静岡県賀茂郡、今は同郡南伊豆町子浦（こうら）の太戸太之助、同町妻良（めら）の簾田勇吉は、サルベージ潜り、露領サガレン出稼ぎの先達であり、これから盛んになる日本人サルベージ潜り海外進出の先駆けであった。

太戸太之助と簾田勇吉に下付された旅券内容（函館勘合帳）

英領香港ほか外地へ潜水業出稼ぎ

明治二十二（一八八九）年には、英領香港へ、渡航主意「水潜夫」、「水潜業」、「雇」で旅券を下付された者が六人いる。その姓名や住所、年齢、渡航主意などは表2に示した。

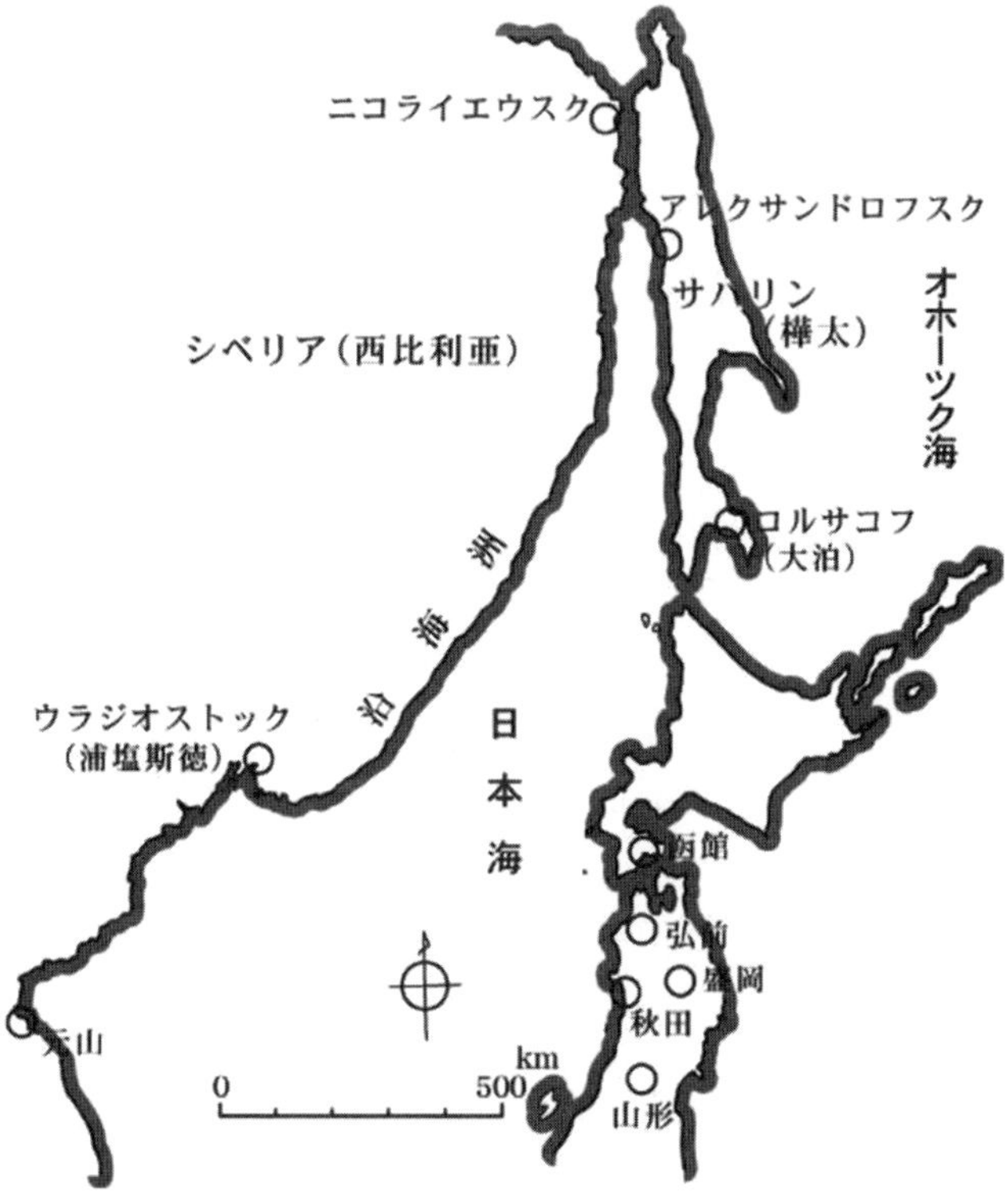

日本人潜水夫の出稼ぎ関係地

潜水夫らへ旅券下付状況

潜水夫らへ旅券下付された状況を表にあらわした。表中、籍は本籍地であり、住所は旅券下付表に記された住所となる。

この明治二十一（一八八八）年から同二十五（一八九二）年まで五年間に、旅券を下付された潜水夫らは計三十九名にのぼる。三十九名の本籍地を年別に表6に示している。

本籍地は十一県一府にわたる。長崎県、熊本県に本籍地がある潜水夫が三十九名中二十六名を数え、66パーセントに当たる。

西日本の県に本籍地をもつ者が多く、東日本に本籍地をおく潜水夫は少ない。

次に、三十九名の住所を年別に

渡航主意	渡航先	傭主	旅券付与年月日	旅券返却年月日
沈没船採揚ノタメ	露　薩哈連		7月10日	
〃	〃		〃	
水潜職	清　汕頭		4月2日	明治22年10月28
水潜夫	英領　香港		10月18日	
水潜業	清国　汕頭		11月8日	
〃	〃		〃	
〃	英領　香港		〃	
雇	〃	大鶴富郎	〃	
雇	〃	〃	〃	
雇	〃	〃	〃	
水潜夫	〃		〃	

渡航主意	渡航先	付与月日	返納年月日
水潜業	清国汕頭	4月4日	
〃	〃	〃	
〃	〃	〃	
〃	〃	〃	
〃	〃	〃	
〃	〃	〃	
〃	〃	〃	
〃	〃	〃	
〃	〃	4月12日	
沈没船引揚	香港	10月10日	
潜水業	〃	11月4日	明治26年12月26日
沈没品引揚	〃	11月15日	明治24年11月2日
水潜業	濠洲	10月21日	
水潜業	朝鮮国釜山港	12月23日	明治27年1月6日

渡航主意	渡航先	付与月日	旅券返納年月日
潜水業	コルサコフ	4月4日	
潜水業	コルサコフ	4月4日	明治25年1月6日
潜水業	コルサコフ	4月4日	
水潜業	コッサク	5月12日	
沈没船引揚	香港	5月12日	明治30年3月28日
水潜業	濠洲	7月21日	
沈没舟引揚	汕頭	4月21日	明治24年10月23日
潜水業	釜山港	4月7日	明治25年6月16日

表２　明治22（1889）年、旅券を下付された潜水夫ら

旅券番号	姓　名	本籍地	住　所	年　齢
16416	太戸太之助	静岡県	静岡県賀茂郡子浦村	32
16417	簾田勇吉	〃	〃　妻良村	33
14676	澤田清太郎	熊本県	長崎県長崎市銀屋町	34.11
16902	井手九市	〃	〃西彼杵郡淵村	34. 3
20344	澤田清太郎	熊本県	〃長崎市銀屋町	35. 3
20345	園田モカ	〃	〃	24. 6
20346	大鶴富郎	長崎県	〃万屋町	31. 2
20347	濱崎勝三郎	〃	〃船津町	35
20348	合田幸次郎	愛媛県	〃船津町	39. 11
20349	大江利右エ門	山口県	〃下筑後町	45. 10
20350	水口幸四郎	長崎県	〃西彼杵郡淵村	52. 8

年齢　34.11は34年11か月を表す

表３　明治23（1890）年、旅券を付与された潜水夫

旅券番号	姓　名	籍	住　所	年　齢
21627	佐藤友五郎	長崎県	長崎県長崎市新橋町	42.8
21628	江並ハン	〃	〃	22
21629	濵中亀吉	島根県	〃	36.3
21630	村谷寅吉	大分県	〃　八坂町	24.8
21631	小島伊三太	長崎県	〃　西彼杵郡淵村	35.10
21632	水口仁吉	〃	〃	34
21633	石橋伊惣次	〃	〃　高島村	38.11
21634	山下政章	〃	〃　茂木村	24.7
21656	水ノ江啓次	〃	〃　長崎市十善寺郷	37.5
28513	松本虎松	〃	〃　大黒町	35.2
29623	塚田寅藏	千葉県	〃　西彼杵郡淵村	37
29646	平井好太郎	長崎県	〃　長崎市桶屋町	24.9
28541	高木庄三郎	長崎県	〃　榎津町	39.4
30872	中村　勇	東京府	〃　古河町	40.6

年齢　42.8は42年8か月を表す

表４　明治24（1891）年、旅券を付与された潜水夫

旅券番号	姓　名	籍	住　所	年　齢
35161	井手九市	長崎県	長崎県西彼杵郡淵村	35.8
35164	齋藤政吉	千葉県	〃　淵村	30 .1
35157	平山彌七	兵庫県	〃　淵村	42.3
35399	濵浦栄次郎	長崎県	〃　戸町村	31
35401	山本芳樹	山口県	〃　長崎市榎津町	32.1
44787	渡部俊之助	広島県	広島県広島市水主町	34
35253	佐藤友五郎	長崎県	長崎県長崎市新橋町	43.8
35176	瀬崎利平	岡山県	〃　長崎市桶屋町	26.9

年齢　35.8は35年8か月を表す

渡航主意	渡航先	下付月日	旅券返納年月日
潜水業	上海	3月3日	明治26年7月14日
潜水業	上海	3月3日	
水潜業	天津	11月28日	明治26年7月14日

表6　明治21(1888)年～明治25(1892)年、旅券を下付された潜水夫らの本籍地別、年別人数

本籍地	明治21年	明治22年	明治23年	明治24年	明治25年	計
熊本県	1	4			1	6
長崎県	2	3	10	3	2	20
大分県			1			1
愛媛県		1				1
山口県		1		1		2
島根県			1			1
広島県				1		1
岡山県				1		1
兵庫県				1		1
静岡県		2				2
東京府			1			1
千葉県			1	1		2
計	3	11	14	8	3	39

に表7に整理した。

本籍地は十一県一府に広がるのに、住所がある県の数は四県にまとまってしまう。

全部で三十九名中、住所が圧倒的に多いのは長崎県で三十五名であり、90パーセントを占める。残りは静岡県二名、熊本県一名、広島県一名となる。これで四県だ。

本籍地を離れて長崎県に住み、長崎県庁に旅券申請し、ここで旅券を受け取った潜水夫らが実に多かった。

明治十六（一八八三）年の濠洲行き海産潜水夫でもそうであったように、住所を移して移住先住所あるいは寄留先住所から、それら住所がある道府県庁に旅券申請し、その道府県庁から旅券を受け取る傾向は、水潜業やサルベージ業でもみられる。

同じ目的で同じ所へ出稼ぎする者が、その出稼ぎを主導する人物が住む地域に移住したり、寄留したりしているためだ。互いに近くに住んでいた方が連

表5　明治25　(1892) 年、旅券を下付された潜水夫

旅券番号	姓　名	本籍地	住　　所	年　齢
48979	平山長吉	長崎県	長崎県長崎市外浦町	28.11
48980	吉井文四郎	熊本県	〃　外浦町	29.8
57114	土井喜次郎	長崎県	〃　外浦町	26.7

年齢28.11は28年11か月を表す

表7　明治21(1888)年～明治25(1892)年、旅券を下付された潜水夫らの住所別、年別人数

住　　所	明治21年	明治22年	明治23年	明治24年	明治25年	計
熊本県天草郡亀川村	1					1
長崎県南高来郡布津村	1					1
西彼杵郡下長崎村	1					1
西彼杵郡淵村		2	3	3		8
西彼杵郡高島村			1			1
西彼杵郡茂木村			1			1
西彼杵郡戸町村				1		1
長崎市銀屋町		3				3
長崎市船津町		2				2
長崎市万屋町		1				1
長崎市下筑後町		1				1
長崎市新橋町			3	1		4
長崎市八坂町			1			1
長崎市十善寺郷			1			1
長崎市大黒町			1			1
長崎市桶屋町			1	1		2
長崎市榎津町			1	1		2
長崎市古河町			1			1
長崎市外浦村					3	3
広島県広島市水主町				1		1
静岡県賀茂郡子浦村		1				1
賀茂郡妻良村		1				1
計	3	11	14	8	3	39

携を取りやすい。旅券申請、受領、乗船出港、連絡、出稼ぎ地での仕事、生活など仲間で行動するのに都合よかった。身近に生活すればそれぞれ気心が知れ、仲間意識も強くなり、信頼関係を築きやすい。

九州は朝鮮国、清国へ渡る船便にも恵まれていた。

このようにして長崎県は、明治二十一（一八八八）年以降、潜水業やサルベージ業で海外に出てゆく潜水夫の続出県となった。

明治二十六（一八九三）年に至ると、外国へ出稼ぎする潜水夫が一気に増える。

5　明治二十六年、海外行き潜水夫急増

潜水夫数、三三五名

明治二十六（一八九三）年に旅券を下付された潜水夫数は三三五名に達する。渡航目的別に仕分けると、潜水業十一名、沈没船引揚一三四名、採貝一九〇名となる。

明治二十六（一八九三）年における渡航目的別、渡航先別の旅券受給者数を表8に示した。

渡航先も濠洲、香港、上海、元山港、浦塩港と広がった。浦塩港は、ロシア沿海州南端部、日本海に臨むウラジオストック港である。浦汐、浦塩、浦塩斯徳などと表記された。

潜水分野ごとにみていこう。

まず、渡航目的が潜水業の者は十一名いる。この十一名の本籍地は、

長崎県　二名
福岡県　一名
愛媛県　二名
徳島県　一名
兵庫県　二名
大阪府　一名
和歌山県　二名

と六県一府に分散する。

表8　明治26 (1893) 年、渡航目的別、渡航先別の旅券受給者数

渡航目的	渡航先	受給者数(名)	計（名）
潜水業、水潜業	濠洲	3	11
潜水業	香港	3	
潜水業、水潜業	上海	5	
遭難船救護	元山港	58	134
遭難船引揚	元山港	3	
沈没船引揚	元山港	24	
沈没船引揚	香港	1	
沈没船引揚	上海	35	
沈没船引揚	浦塩港	13	
採貝、採貝業	濠洲	190	190
計		335	335

しかし、十一名の住所は次の二県一府にまとまってしまう。市町村まで挙げれば、左記に限られる。

長崎県西彼杵郡戸町村　三名
長崎市外浦町　二名
神戸市相生町　二名
　葺合町　一名
　切戸町　一名
大阪市北区冨島町　一名
　古川町　一名

次に、明治二十六（一八九三）年に旅券を下付された沈没船引揚潜水夫一三四名の本籍地は、次のとおりとなる。

長崎県　一〇一名
佐賀県　六名
熊本県　四名
鹿児島県　四名
大分県　三名

表9　明治26(1893)年、採貝業で旅券を下付された潜水夫らの住所

住所	人数
熊本県上益城郡七滝村七滝	1
滝川村辺田見	4
滝尾村竹迫	1
和歌山県西牟婁郡三栖村三栖	1
中三栖	1
田辺町下屋敷町	1
福路町	1
北新町	1
栄町	1
田並村田並上	3
田並	17
串本村	29
潮岬村	1
出雲	22
上野	61
大島村須江	3
東牟婁郡西向村古田	2
西向	17
姫	7
伊串	10
袖ノ川	1
古野村中湊	3
三尾川村	1
兵庫県神戸市北長狭通	1
計	190

愛媛県　三名
高知県　一名
山口県　三名
広島県　一名
島根県　一名
兵庫県　二名
大阪府　一名
静岡県　二名
神奈川県　一名
岩手県　一名

明治二十六（一八九三）年では、九州、四国、中国地方の県に本籍地がある者が圧倒的に多い。

そんな中で、明治二十六年に至って初めて、東北地方岩手県に本籍地をもつ潜水夫が一名出てきた。すなわち旅券番号六三七三七、本籍地岩手県、住所長崎市築町、年齢二十八年七か月の上野栄助である。上野栄助は渡航主意沈没船引揚、渡航先香港という旅券を明治二十六年五月一日下付され、翌二十七年一月九日に返納している。

この一三四名の本籍地は、前出のように十五府県に散らばるが、住所をみると、長崎県に一三三名と集中し、残り一名は熊本県となり、二県に絞られてしまう。

一三三名の長崎県内住所は左記になる。

西彼杵郡淵村　五十四名
長崎市大井手町　三十二名
　外浦町　十名
　浪ノ平町　四名
　萬屋町　二名
　油屋町　二名
　銅座町　二名
　西濵町　二名
高来郡江ノ浦村　四名
西彼杵郡戸町村　二名
　茂木村　一名

最後に、採貝業潜水夫ではどうだろう。

まず本籍地からみていく。一九〇名中、和歌山県一八三名、熊本県六名、兵庫県一名となる。実に96パーセントは和歌山県に本籍地をもつ。

さらに一九〇名の住所について明治二十六（一八九三）年における郡市町村別大字（おおあざ）別住所は、表に示すように和歌山県西牟婁（にしむろ）郡東牟婁（ひがしむろ）郡に住む者が圧倒する。

潜水夫は、潜水中、一本の命綱と一本のゴムホース（送気管）で船上作業員とつながる。海底で作業している潜水夫が船上と意思疎通できるのは、かつては、この細綱とこのゴム管によってだけであった。細綱を引っ張る回数や一回に引く長さを長くするか、短くするかで合図しあう。ゴム管では空気の送り加減を伝え合う。経験を積むと、命綱やホースを持つ手の皮膚感覚が鋭くなる。

潜水夫は自身の命を船上の人に任すしかない。それには両者間に信頼関係が成り立っていることが肝腎だ。

その関係が一番強いのは血縁であり、次いで地縁で結ばれた者同士となる。だから、どの潜水分野においても、潜水夫、綱夫らの出身地は、血縁、地縁が強い地域に自然に集中することになる。本籍地から、仲間が多く住む地域に住所を変えたり、寄留したりするのも同根である。

ここまで述べてきた明治十六（一八八三）年から明治二十六（一八九三）年までの潜水夫の出どころも、潜水夫、綱夫同士の血縁地縁など信頼関係が堅い地域に、おのずと集中していた。

6　増田萬吉、増田三之助らへ下付された旅券

旅券を調べ始める

海外渡航者への旅券下付について一九七〇（昭和四十五）年十月二十日から調べ始めた。

大東亜戦争前や戦中に、フィリピンで生活していた日本人の父親と現地比島人母親の間に子供が生まれ、日本敗戦で父親が日本へ帰ってしまい音信が途絶えた子供が成長して、父親調べに来日し、外務省で旅券記録に当たったという朝日新聞記事を昭和四十五年十月二十日以前に読んだ。その記事を切り抜き保存しなかったから、年月や地名の確かさはおぼつかない。が、この記事のお陰で、千葉県から渡米した漁業者らについても、外務省の旅券記録に当たれば、いつ渡米したのかを明らかにできると教えられた。

外務省外務大臣官房領事移住部旅券課に、千葉県安房郡から渡米した漁業者らの旅券について、早速調べに出かけた。

課員二人が対応してくれた。こちらが願い出た旅券調査に対し、次のような答えが返ってきた。明治以降の旅券下付資料は外務省が保存している。しかし渡航日本人の調査研究のためという理由では、それを見せることも内容を教えることもできない。戸籍謄本か抄本、身分証明書を持った身内の人が旅券課に来て、調べたい人との続き柄を証明して旅券下付内容を調査するのであれば、資料は閲覧させないが、内容は教えることができると言われた。

調査対象者と親類関係が全くない著者にとって、取りつく島もなかった（拙本『早川雪洲―房総が生んだ国際俳優』）。

やむなく渡米歴をもつ故小谷徹の妻、家栄子に頼み込んだ。家栄子は、徹と同郷の千葉県安房郡七浦村出身外務省職員にお願いし、家栄子が外務省にて、出してもらった旅券下付資料を閲覧し筆写してくれた。

その外務省職員が栗原健だと家栄子から教えてもらったのは、その九年後、一九七九（昭和五十四）年であった。氏は、明治四十四（一九一一）年生まれ、県立安房（あわ）中学校を卒業し、一九三四（昭和九）年國學院大學国史科を卒業して、一九三五（昭和十）年外務省に入省し、外交文書保存や編史事務を担当していた。遅蒔きながら礼状を差し上げ、以後、文通した。氏と小谷家栄子氏のお陰で、海外出稼ぎ千葉県潜水夫らの出国、帰朝情報を旅券記録からつかむことができた。

本書の主題である、海外に渡航した潜水夫の旅券下付返納調べも、実はここに源がある。この延長線上で調べを繰り返している。

外務省外交史料館が開館してからは、公開されている旅券下付返納史料を二度にわたり総閲覧したほか、必要の都度、確認するため部分的な箇所を繰り

マ

神奈川縣廳

番号	氏名	族籍	住所	番号	目的	渡航先	日付	書込
一六六四五	松尾 敬	長崎県平民	本県横浜市元町二ノ一 三三白石藤吉衛方	二三七五	商業	合衆国	明治二十七年八月廿三日	9/12/28
二二一七八	松本政八	神奈川県平民	本県横浜市元町一 五同居	四五六四	雇人	朝鮮国	十一月二日	8/?/28
二二一二七	丸尾健作	神奈川県平民	同県同市野毛町三 二三福田米助方	一九七	商業研究	米国並濠洲	十一月八日	
二二一四二	増田萬吉	神奈川県平民	同県同市内田町五 二	五六五	潜水業	朝鮮国及清国	十一月廿八日	19/2/29
二二一六一	松尾嘉右衛門	山口県平民	山口県吉敷郡井関村井関一	二四九	商用	合衆国	十二月十四日	
二二一六六	松原重栄	東京府士族	本県横浜市長者町九ノ九六植松吉五郎	三三一	同	米国	同 十七日	
二二一六九	松野真海	鹿児島県平民	鹿児島県佐伯郡地御前村四八	四八三	製糖業従事	布哇国	同 廿日	
二二一七九	増田三之助	神奈川県平民	本県横浜市内田町五一二	三三八	潜水業	清国及朝鮮国	同 廿一日	19/2/29

明治27（1894）年、増田萬吉、増田三之助へ下付された旅券内容

6　増田萬吉、増田三之助らへ下付された旅券

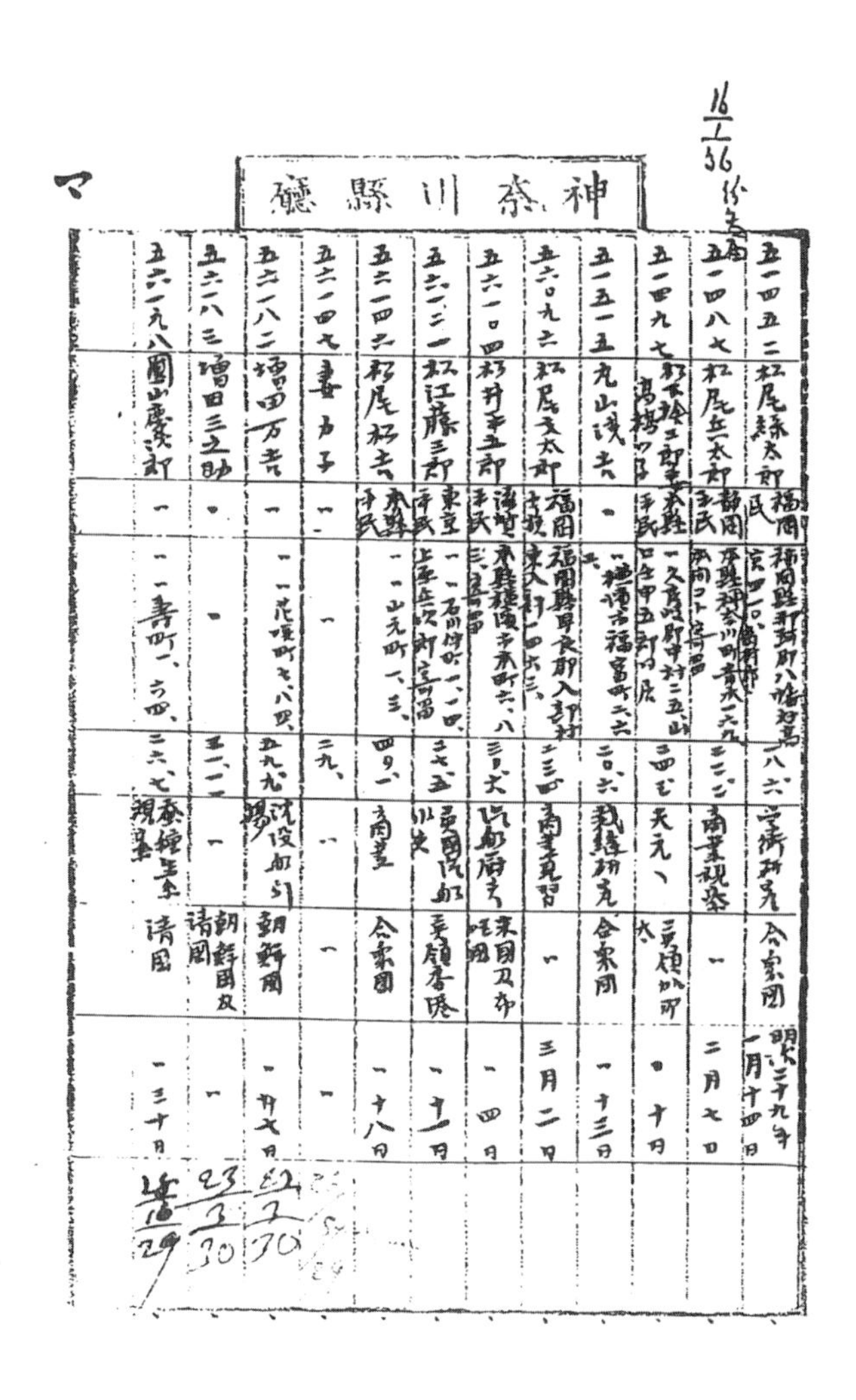

神奈川縣廳

番号	氏名	族籍	住所	年齢	目的	行先	日付
五一四五二	松尾縣太郎	福岡平民	福岡縣[illegible]郡八幡村[illegible]	一八、六	学術研究	合衆國	明治二十九年一月十四日
五一四八七	松尾[illegible]太郎	静岡平民	[illegible]	二二、二	商業視察	〃	二月七日
五一四九七	[illegible]	[illegible]平民	一久[illegible]郡中村[illegible]	二四、[illegible]	天元、	[illegible]	〃十日
五一五一五	丸山浅吉	〃	〃横浜市福富町[illegible]	二〇、六	機織研究	合衆國	〃十三日
五六〇九六	松尾友太郎	福岡士族	福岡縣早良郡入部村[illegible]	二三、[illegible]	商業見習	〃	三月二日
五六一〇四	杉井[illegible]五郎	[illegible]平民	[illegible]	三〇、六	[illegible]	[illegible]	〃四日
五六一二一	松江藤三郎	東京平民	〃〃[illegible]	三七、五	[illegible]	[illegible]香港	〃十一日
五二一四六	杉尾松吉	[illegible]平民	〃〃山元町一、三、	四〇、一	商業	合衆國	〃十八日
五二一四七	妻[illegible]子	〃	〃	二九、	〃	〃	〃
五二一八二	増田万吉	〃	〃〃花咲町七、八四、	五九、九	沈没船引揚	朝鮮國	〃廿七日
五二一八三	増田三之助	〃	〃	三一、一	〃	朝鮮國及清國	〃
五二一九八	[illegible]	〃	〃〃寿町一、六四、	二六、七	蚕種生糸視察	清國	〃三十日

明治29（1896）年、増田万吉、増田三之助へ下付された旅券内容

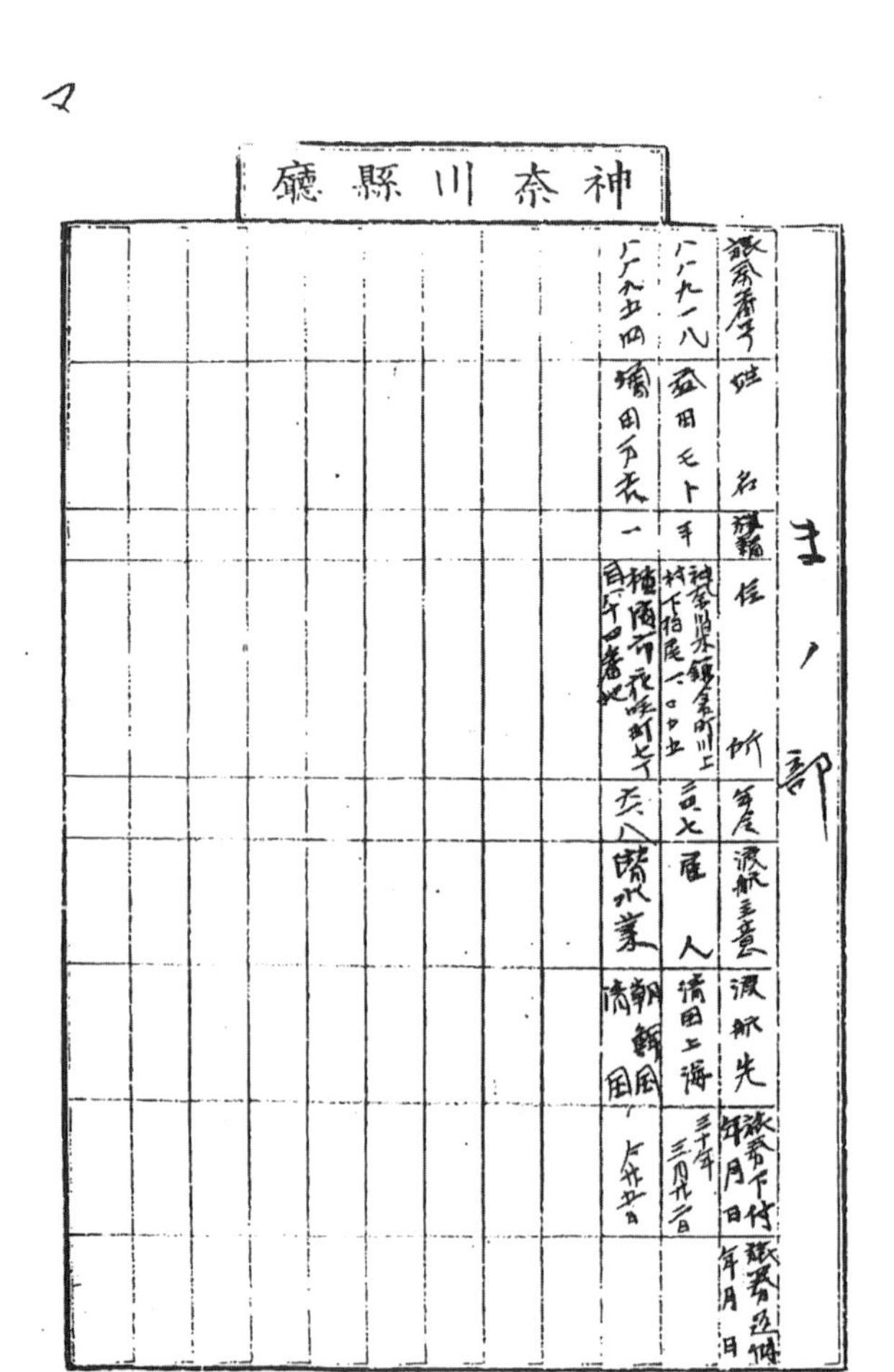

マ

神奈川縣廳

まノ部

旅券番号	姓名	族籍	住所	年齢	渡航主意	渡航先	旅券下付年月日	旅券返納年月日
八八九一八	益田モト	平	神奈川県鎌倉郡川上村下柏尾一〇〇五	三〇・七	雇人	清国上海	三十年三月九日	
八八九五四	増田万吉	一	横浜市花咲町七丁目百四番地	六八	潜水業	清朝鮮国	六月廿五日	

明治30（1897）年、増田万吉へ下付された旅券内容

6　増田萬吉、増田三之助らへ下付された旅券

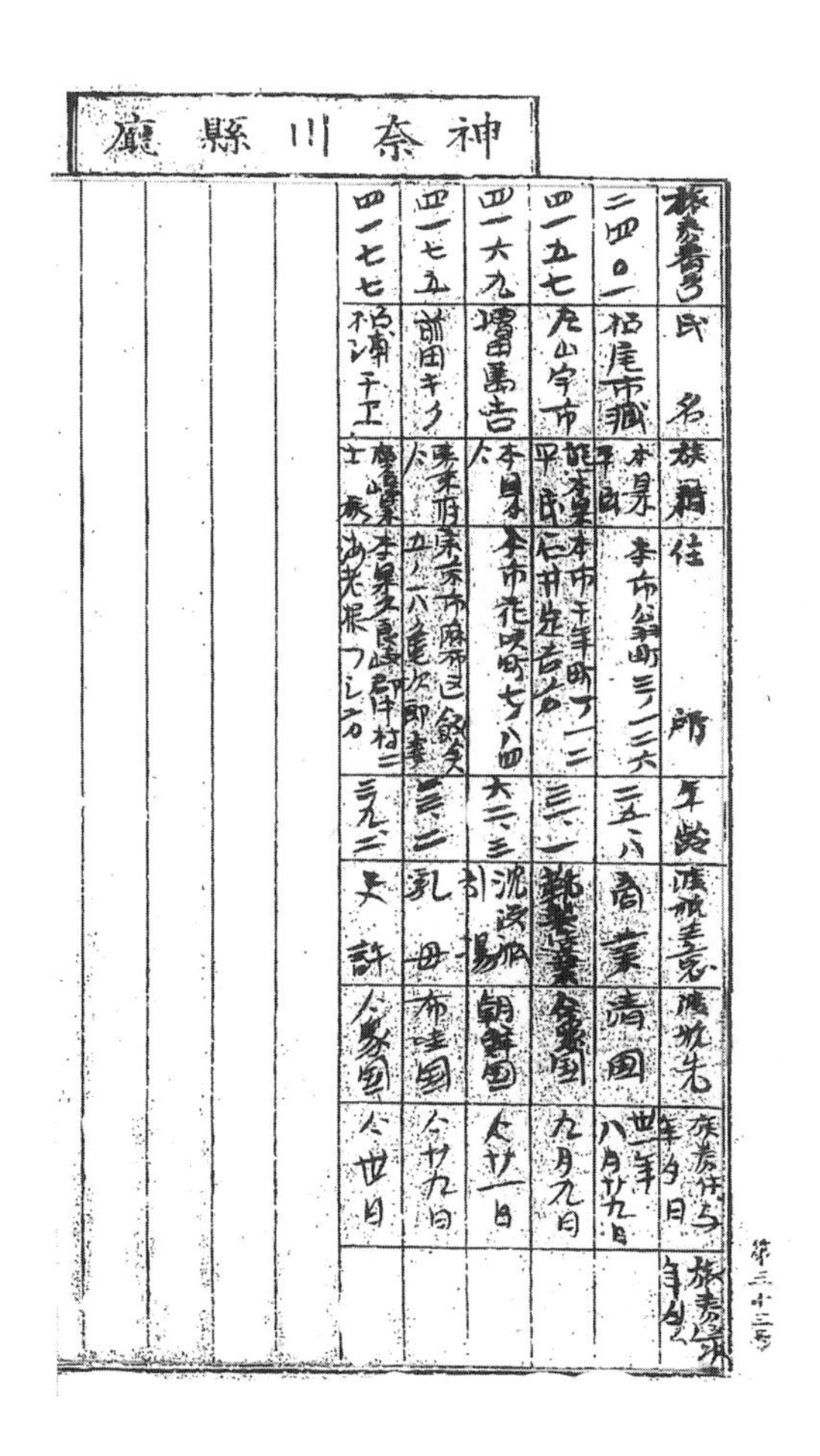

神奈川縣廳

旅券番号	氏名	族籍	住所	年齢	旅行目的	旅行先	旅券付与年月日	旅券返納年月日
二四〇一	松尾市蔵	本県平民	本市公斜町三ノ二六	三五、八	商業	清国	卅一年八月廿九日	
四一五七	庄山字市	熊本県平民	本市千手町丁一二 仁井定吉方	三〇、一	鞄製造業	合衆国	九月九日	
四一六九	増田萬吉	本県仝	本市花咲町七ノ八四	六六、三	沈没船引揚	朝鮮国	仝廿一日	
四一七五	前田キク	東京府仝	東京市麻布区飯倉町五ノ一八 亀次郎妻	三三、二	乳母	布哇国	仝廿九日	
四一七七	杉浦千工	鹿児島県士族	本県久良岐郡中村三 海老根フシ方	三九、二	夫許	合衆国	仝卅日	

第三十三号

明治31（1898）年9月21日、増田萬吉に下付された旅券の内容
（本県は神奈川県、本市は横浜市、仝は九月を指す）

渡航主意	渡航先	旅券下付年月日	旅券返納年月日
潜水業	朝鮮国清国	明治27.11.28	明治29.2.19
潜水業	清国及朝鮮国	明治27.12.21	明治29.2.19
沈没船引揚	朝鮮国	明治29.1.27	明治30.3.23
沈没船引揚	朝鮮国及清国	明治29.1.27	明治30.3.23
潜水業	朝鮮国清国	明治30.3.25	
沈没船採揚	朝鮮国及清国	明治30.4.27	
沈没舩引揚	朝鮮国	明治31．9.21	
潜水業	西領南洋諸島	明治31．4.13	

返し閲覧した。

増田萬吉、増田三之助の旅券下付記録

潜水師増田萬吉と増田三之助の旅券下付記録にたどり着いたのは、二〇〇六（平成十八）年二月七日であり、全旅券史料を二度目に調べ終えたのは、二〇一八（平成三十）年五月三十一日であった。

なお増田三之助とは、外務省記録に「増田万吉養子」と記載された人物である。

明治二十七（一八九四）年十一月二十八日増田萬吉に旅券が初めて下付された。

『明治廿七年自七月至十二月　北海道廳京都府大阪府神奈川縣兵庫縣　海外旅券附與表　通商局第二課』に綴られた『自明治廿七年七月至同年十二月半ヶ年間海外旅券下附一覧表』に記録されている。

萬吉への旅券下付返納事務は、神奈川県庁にて取り扱われた。

萬吉へ下付された海外旅券内容が神奈川県庁縦書

表10　増田萬吉および増田三之助に下付された旅券の内容

旅券番号	姓　名	住　　　　所	年　齢（年月）
22142	増田萬吉	横浜市内田丁5、12	56.5
22179	増田三之助	横浜市内田町5、12	30.8
56182	増田万吉	横浜市花咲町7、84	59.9
56183	増田三之助	横浜市花咲町7、84	31.11
88954	増田万吉	横浜市花咲町7丁目84番地	61.8
89399	増田三之助	横浜市花咲町7丁目84番地	33
4169	増田萬吉	横浜市花咲町7ノ８４	62.3
1264	増田三之助	横浜市花咲町7丁目84 増田万吉　養子	34

き全罫紙に書いて綴ってある。最上段から下へ向かって、「旅券番號、姓名、族籍、住所、年令、渡航主意、渡航先、旅券下付年月日、旅券返納年月日」を示す。

萬吉は、明治二十七（一八九四）年十一月二十八日に旅券を下付され、この旅券が返納された日は明治二十九年二月十九日であった。

次に『自明治二十九年一月至同年三月　海外旅券下附返納一覧表　神奈川縣』に増田萬吉へ下付された旅券内容が記載してある。

この後も萬吉は、明治三十（一八九七）年三月二十五日と明治三十一（一八九八）年九月二十一日に海外旅券を下付されている。

都合四回にわたり萬吉と三之助へ旅券が下付され、旅券内容を一覧表にまとめた。

渡航主意は「潜水業」または「沈没船引揚」、「沈没船採揚」で、渡航先は朝鮮国、清国のほか、明治三十一（一八九八）年四月十三日増田三之助の渡航先は、西領南洋諸島と書いてある。西領とは西班牙（スペイン）領を略している。この時は、萬吉と三之助は渡航先が異なり、旅券下付年月日も六か月余りずれる。

　萬吉がその生涯で最後に旅券を下付された年月日は、明治三十一（一八九八）年九月二十一日であり、年齢は六十二歳三か月と記録されている。

渡航先	下付月日	返納月日	旅券事務県
清国及朝鮮国	12月21日		神奈川県
〃	〃		〃
〃	〃		〃
朝鮮国及清国	〃		〃
清国及朝鮮国	〃	明治29.2.19	〃
〃	〃		〃
〃	〃		〃
〃	〃		〃
朝鮮国及清国	11月28日	明治29.2.19	〃
〃	12月21日	〃	〃
清国及朝鮮国	〃		〃

明治二十七年増田萬吉とともに旅券を下付された潜水夫

　一方、増田萬吉、増田三之助のほかにも、両人と同じく明治二十七（一八九四）年に、渡航目的潜水業、渡航先清国および朝鮮国への旅券を下付された潜水夫九名が『明治廿七年自七月至十二月　海外旅券附与表　通商局第二課』に載っている。

　九人の本籍地については、典拠史料『明治廿七年自七月至十二月　海外旅券附与表　通商局第二課』に本籍地府県名だけが記載され、郡市町村番地は書かれていない。府県名まで挙げると、千葉県の者五名、静岡県二名、京都府二名である。

　表には増田萬吉、増田三之助を含めて十一名の氏名を載せた。両増田を除く九名全員が神奈川県横浜居留地二三八増田萬吉方に寄留して旅券下付を神奈川県庁にて申請し、下付された。

表11　明治27(1894)年、渡航目的「水潜業、潜水業」で清国及び朝鮮国行き旅券を下付された潜水夫ら

旅券番号	姓　名	本籍地	住　所	年齢
22182	市川弥太郎	静岡県	横浜市居留地238　増田万吉方	27、2
22185	林　熊吉	千葉県	〃	30、3
22184	土佐八蔵	〃	〃	24、7
22181	高梨梅三郎	〃	〃	31、2
22177	中村音吉	京都府	〃	17、11
22180	中村甚助	〃	〃	23、3
22178	九鬼万蔵	千葉県	〃	32、
22183	山田今藏	静岡県	〃	29、2
22142	増田萬吉	神奈川県	〃　内田丁5、12	56、5
22179	増田三之助	〃	〃　内田町5、12	30、8
22176	森徳之助	千葉県	〃　居留地238　増田萬吉方	24、11

年齢　３３、２　は、33年2か月を表す

小島ヒサへ下付された旅券内容

『明治廿九年自四月至六月　海外旅券下付一覧表大阪府』に、小島ヒサが載っている。

ヒサは、静岡県出身、大阪市北区「冨島町」三二三番邸寄留、年齢二十年六ヶ月、旅券番号「五四六八五」、渡航主意「増田万吉ニ雇ハル」、渡航先「朝鮮國仁川」という海外旅券を明治二十九（一八九六）年四月二十三日に大阪府から付与された。

性別については記載がない。が、ヒサと片仮名表記した名からして女性であろう。

前述したとおり、渡航主意には「増田万吉ニ雇ハル」と記されている。

そこで明治二十七、二十八、二十九年における「増田万吉」や増田萬吉への旅券下付について、外務省記録を繰り返し丹念に当たった。だが、横浜市花咲町七丁目八十四番地や同市「内田丁五丁目十二番地」に住む「増田万吉」以外探し当てることができなかった。故に、小島ヒサは横浜市花咲町七丁目八十四番地「増田万吉」に雇われたものと判断をくだした。
小島ヒサは、海外出稼ぎ日本人潜水夫らの、現地での食事や潜水夫がスコッチと呼ぶ、潜水服の下に着る極太毛糸手編み下着上下、靴下などの洗濯や掃除、給仕、針仕事、日日の生活、賄いのために、女手として増田萬吉に雇い入れられ、渡航先朝鮮国仁川へ出向いたものと解釈した。

増田萬吉の出身地

11頁2の書き出しに、幕末、横浜村に中村萬吉が近江国からやってきたと書いた。萬吉は近江国どの辺りの出なのだろう。萬吉の出身地や戸籍謄本上の記載などについて調べた。

調査は、まず萬吉に関する既往文献を探し出し、それらを下調べした上で、聞き取り調査し、増田家過去帳に当たり、墓碑を調べ、次に現地調査へ進み、土地登記、戸籍に及んだ。

平成六（一九九四）年九月二十五日、増田平家において、平、和子夫妻から家系につき教えていただき、同家に保存されている過去帳を閲覧筆写した。

過去帳には、「万吉高祖大谷甚藏」とあり、萬吉の高祖は大谷甚藏と書いてある。同帳によれば萬吉の父も兄も甚藏という。

同日、増田平夫妻に案内されて横浜市相沢墓地にある増田家墓所に参り、墓石を調べた。

墓所には、二基の墓が立っている。一基（1）は墓所の門扉を開けて入った正面、墓所のほぼ中央にあり、高く大きい。他の一基（2）は正面に向かって左側、やや奥に立つ。低く小さい。萬吉の出自を調べるには、この低く小さい墓（2）の方が肝腎だ。大きい墓（1）については、萬吉本人と二人の妻、三柱の墓であり目立つためか、既に多くの人が報告している。（2）の墓については、これまでに拙報「潜水開祖・増田万吉の出身地について」『地域文化研究』第7号　一九九八年　国立八戸工業高等専門学校地域文化研究センター発行があるだけのようだ。

この小さい墓石には、正面、墓表に向かって右側面、左側面にそれぞれ次のように彫ってある。

（正面）
　明治十八乙酉年一月廿六日寂
法名　釋尼妙證
法名　釋妙戒信女
　明治廿一戊子年九月十六日寂

（右側面）
西江州高島郡市場村
　雲銅谷大□村
中村甚藏増田母

（左側面）
福井縣敦賀郡
　佐竹母増田姊
明治二十一子年十一月十日
　　増田萬吉　建之

増田家墓所の墓二基
（横浜市相沢墓地にて
1998年5月5日に撮影した）

　異体字の州が彫ってある。□は画数が多い漢字一字だが、この時は著者も増田夫妻も解読できなかった。

　墓碑銘にあるように、この墓は、明治十八年一月二十六日に没した中村甚藏萬吉母と明治二十一年九月十六日に没した佐竹母増田姉の墓である。姉が死亡してほぼ二か月後の明治二十一年十一月十日に萬吉がたてた。

　一方、増田家には、萬吉と五人の女性、二人の子供が写っている写真が保存されている。写真裏面に氏名が書いてある。この写真もすでに多くの人が萬吉の写っている部分を印刷物などに使っている。ここでは、「佐竹やす」と記された女性が重要だ。この女性が佐竹母増田姉にあたる。

右側面に彫られた地名は、中村甚藏増田母の出身地を示す。この中村甚藏増田母とは、兄中村甚藏と弟増田萬吉との母を意味している。

中村萬吉は、墓をたてた時点で既に増田家に入り増田萬吉となっていた。

増田萬吉の出身地は右側面に彫られた西江州高島郡市場村雲銅谷大□村出身となる。

勿論、墓石には振り仮名はない。が、ここでは入れた。江州は近江国の別称だ。

初回の墓碑銘調査でどうしても読めなかった「雲銅谷大□村」の□には、再調査した時、「谷」と「善」、二字が重ねて彫ってあることに気付いた。そうすると、大谷村か大善村となる。

明治二十二（一八八九）年四月一日に、それまでの高島郡市場村、雲洞谷村など二十一か村が合併して高島郡朽木村が成立した。

『高島郡誌　全』に組まれた地図には大谷が載っている。大谷の位置がわかった。

これらを把握した後、平成六（一九九四）年十月二十四日、朽木村において現地調査した。高島郡マキノ町立図書館、清水雲来館長に案内してもらった。

大谷は、琵琶湖西岸に注ぐ安曇川の上流、北川を更にさかのぼって、その支流である大谷川沿いを山懐へ入る。今は大谷川に沿う大谷林道には大谷橋などの橋がかかり整備されて、車で上流方向へ走行できる。大谷川を遡る辺りは杉が植林され、美林を形成している。調査当日、木を切るチェーンソー（動力鋸）の音が響いていた。

大谷林道の大谷川左岸、上流に向かって右側に中村家跡地がある。現況は、林道の道路面より一段と高い平坦地であり、林道寄りには平坦地を支える石垣が築かれ、そこは水場にもすぐ接している。かつ

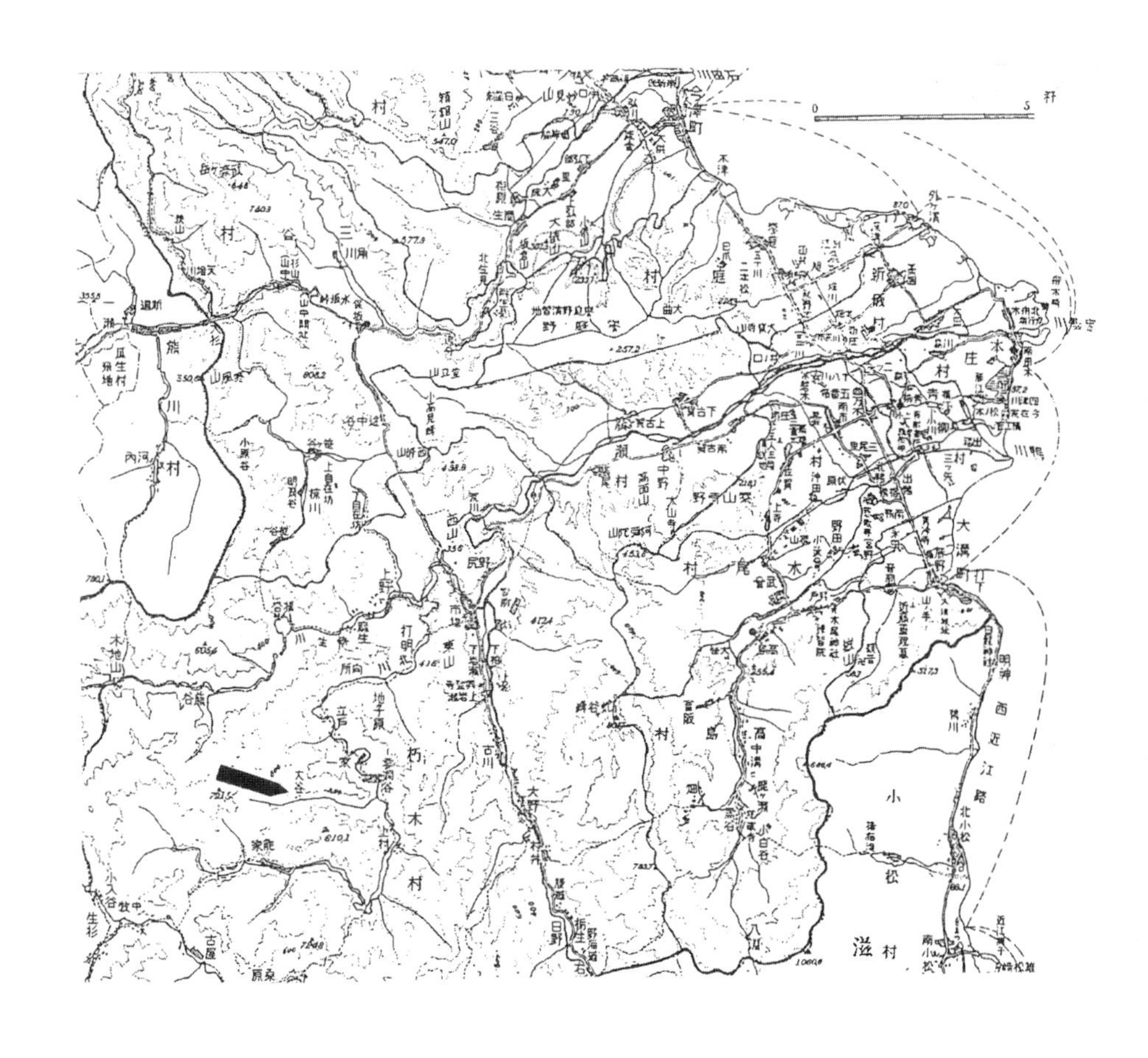

朽木村大字雲洞谷字大谷原の位置（黒矢印）
『高島郡誌　全』の地図では、大谷原は大谷とある。
東側（右側）端は、琵琶湖である

ての宅地に植林された杉が生長して杉林となっているが、ここに家が建っていたことは容易に思い浮かべることができた。

翌十月二十五日、法務省大津地方法務局今津出張所で、朽木村大字雲洞谷の小字を調べた。小字は十二ある。第一字に大がつく小字は大谷原だけであった。紙公図（土地台帳地図5）字大谷原甲を閲覧し、複写した。現地調査と合わせて、中村家の場所を公図上につかめた。

雲洞谷字大谷原第二十九番屋敷中村家の跡地
写真中央奥、垂直面に石を積み一段と高い平坦地
平成6（1994）年10月24日撮影

中村勇ほか朽木村に住む人たちから聞き取り調査した結果では、大谷原と原を付けて言う人に出合わなかった。地元では大谷で通用している。そして大谷の一番奥にあった家が中村家であることを教えてくれた。

大谷原の地目は、宅地と田、畑、山林、原野に分かれ、計一六〇筆ある。宅地は三筆で、原野に地目変更された宅地が一筆ある。これをいれると、宅地は四筆あった。現地における聞き取り調査で、以前、大谷には四軒の家があったと聞き取った。紙公図と土地登記簿から、大谷川の最も川上にある宅地は二十九番屋敷で、雲洞谷二十九番屋敷の中村惣吉が明治四十年十二月二日付け所有権を登記している。二十九番屋敷の土地は一〇六〇番である。紙公図に描かれた公道は一〇六〇番の横で終っている。この先

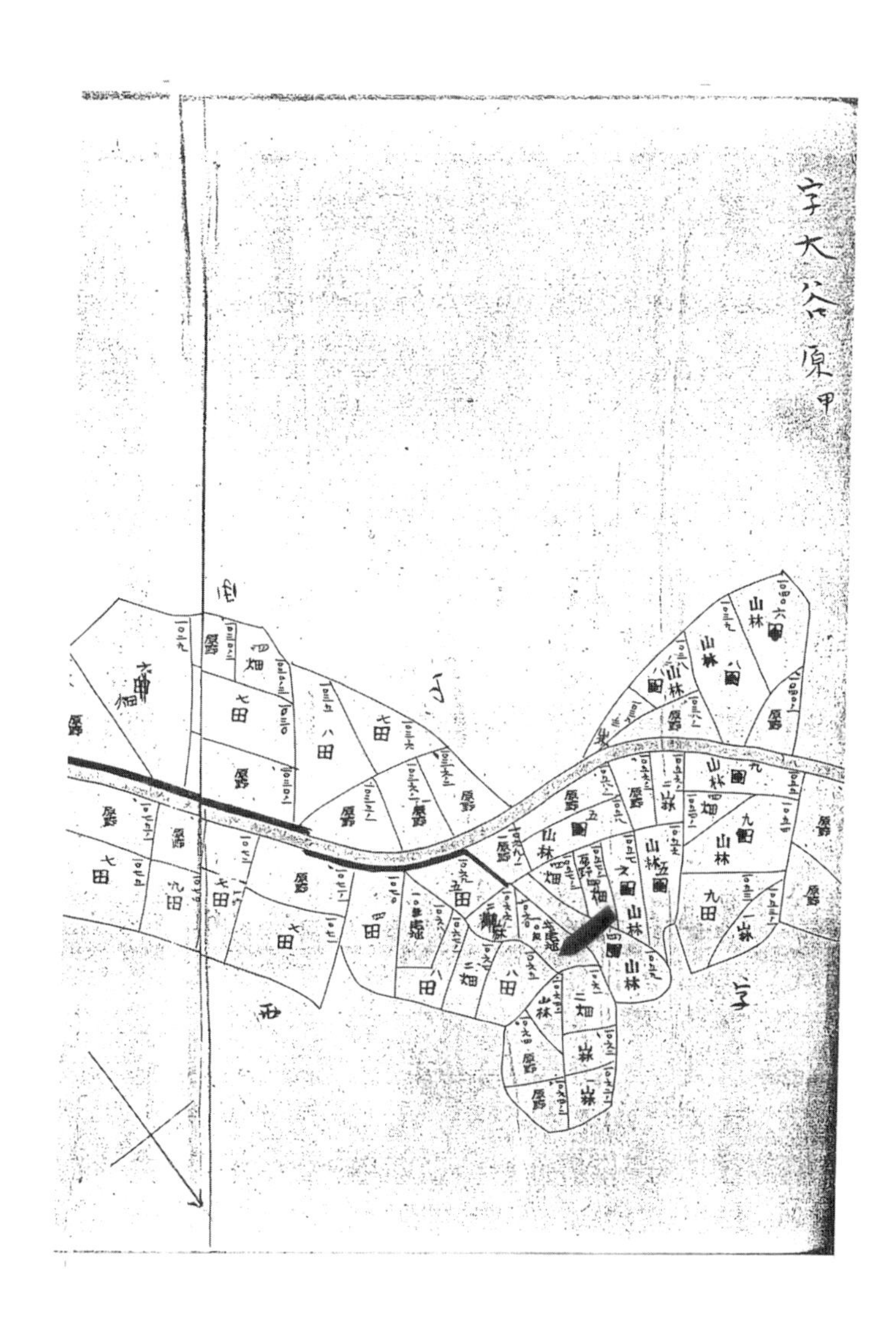

大谷原1060番の位置

中央が蛇行する大谷川、右が上流、公道の行止りに1060番がある（黒矢印）

（高島郡朽木村大字雲洞谷字大谷原甲　土地台帳地図５）

大谷原一〇六〇番　登記簿謄本　甲区（所有権）（一部）

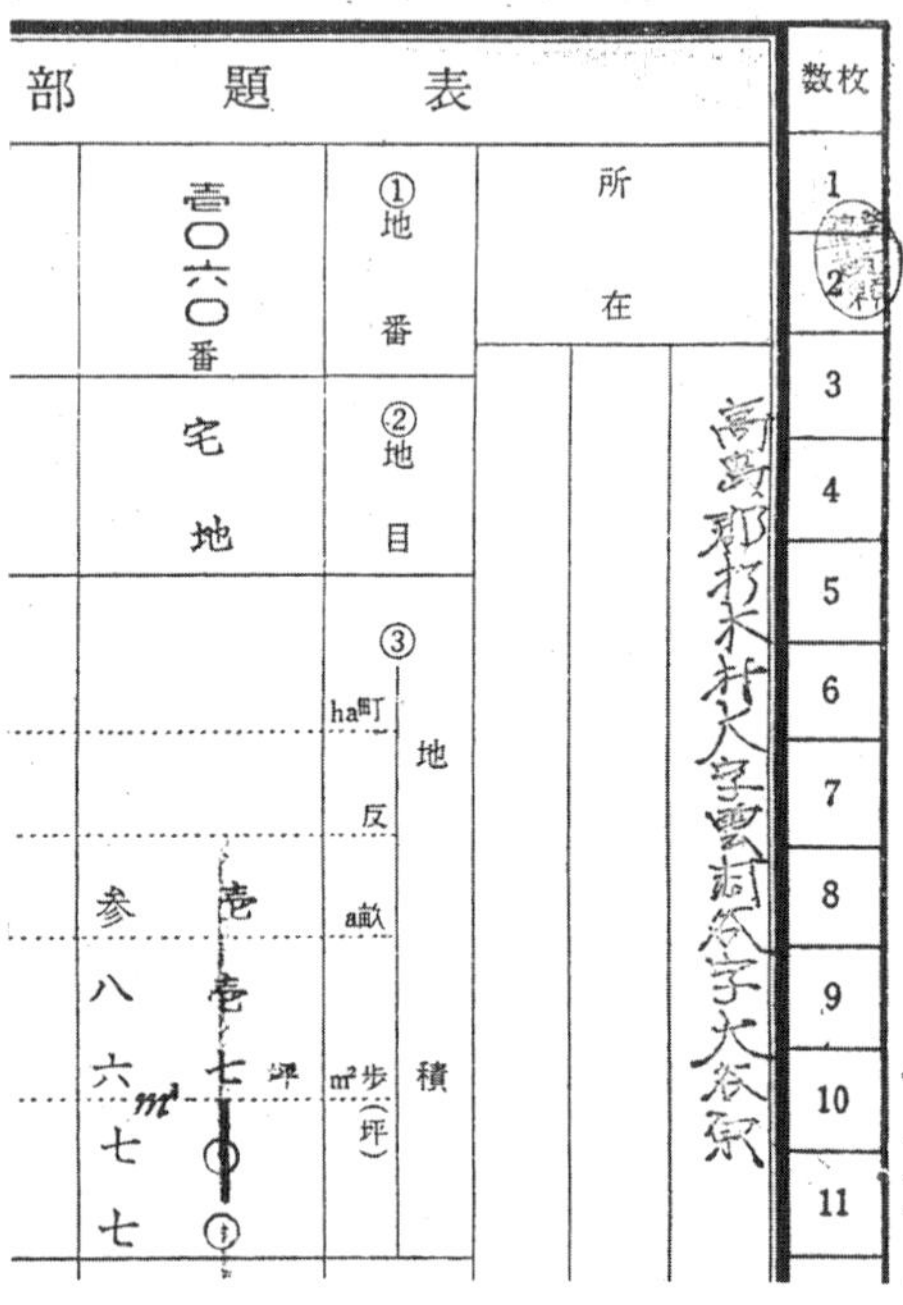

には公道は描かれていない。

一〇六〇番の中村吉之助は、昭和七（一九三二）年一月二十九日、朽木村大字地子原（じしはら）一九三番地へ転籍している。ここに現在、中村勇が住む。平成六（一九九四）年十月には、勇の父親は病床にあり、

大谷原一〇六〇番　登記簿謄本　表題部（土地の所有）（一部）

聞き取り調査ができなかった。勇および朽木村の人たちによると、中村家が大谷原にあった時の屋号は甚吉であるという。

福井県三方郡三方町（三方上中郡若狭町白屋）にある浄泉寺住職が、中村家の縁に繋がるのでないか

と思われる仏を同寺過去帳から抜書きした記録が増田家に保存されている。この中村家の男子の俗名を遡ると、惣吉、吉之助、宗吉、甚吉、万ノ助（甚吉の子）、長右衛門と書かれている。長右衛門は文化六年八月二十四日に亡くなった。また屋号甚吉は甚吉の名に由来すると判断できる。甚吉は明治十二年二月十五日に六十五歳で亡くなっている。

琵琶湖（びわこ）西方、山峡の寒村、近江国高島郡雲洞谷村（おうみのくにたかしまぐんうとうだにむら）（現在、滋賀県高島市朽木雲洞谷（くつきうとうだに））字大谷原（おおたにはら）一〇六〇番、屋敷番号でいえば第二十九番屋敷から、幕末、中村萬吉が横浜にやって来た。

ここで村名は平凡社刊『滋賀県の地名』　日本歴史地理地名大系25に従って、ルビを振った。なお角川書店刊『角川日本地名大辞典』25滋賀県では「うとだに」としている。現行行政地名は「うとだに」である。

なお増田平家にある過去帳に、「万吉高祖大谷甚藏」と書く大谷は、名字でなくて地名だとわかる。

平成十三（二〇〇一）年三月三十一日には、朽木村犬丸、寶光寺および同村雲洞谷大谷原、林道から入りやすく、杉が疎らな平地、中村家跡隣地において、故増田萬吉百回忌法要が清水雲来師を導師として執り行われた。増田平、和子夫妻はじめ家族、中村勇ら朽木村の人たち、著者夫妻が参列した。降り積もった雪が残り、小雨降る中であった。

平成十三年四月二十八日には、横浜市石川町、蓮光寺本堂にて故増田萬吉百回忌法要が営まれ、この後、増田萬吉墓に参った。増田家一族が集まり、青柳重雄元横浜潜水衣具株式会社五代目社長と著者も列席した。

次に、戸籍簿には、（まんきち）は、どのように漢字表記してあるのか、生年月日はいつか、本籍地はどこか、いつ横浜へ来たか、姓が中村から増田へ変わったのはいつか、父母名、その何男なのか、兄弟姉妹についての記載、滋賀県における本籍地、住所、死亡年月日等についても、戸籍謄本という公史料から真実をつかみたかった。

潜水器漁業史を調べ始めた当初から増田萬吉の戸籍謄本を閲覧したいと願い続けてきた。

著者がこれまで申請して交付を受けた戸籍謄本や抄本をみると、生年月日が天保年間の人でも、その月日が戸籍簿に記されていた。この経験から、天保年間生まれの人であっても、戸籍謄本さえみれば、生年月日が明らかにできると考えていた。

一方、著者が役場で受け取ったことがある安房郡根本村村民の壬申戸籍では、生年月日でなく何歳何

故増田萬吉百回忌法要
滋賀県高島郡朽木村　寶光寺にて
（平成13年3月31日）

故増田萬吉百回忌法要
中村家跡隣地にて

百回忌法要に参列した朽木村の人たち（一部）
左端が増田萬吉の縁者、中村勇氏である

か月と記載されていた。生年月日そのものを知るには、壬申戸籍でない、その後に編製された原戸籍の謄本を閲覧するのが一番よい。

萬吉の孫に当たる増田平、和子夫妻と平成三（一九九一）年に知り合って以来、三回、口頭で萬吉の戸籍謄本か抄本を閲覧したいとお願いした。が、その都度、一言のもとに強い口調で戸籍謄本には生年月日は書かれていませんと言い切られ、その勢いに押されてそのまま引き下がってきた。

『房総から広がる潜水器漁業史』を出版して間もなく、この拙本を氏に謹呈した。そのとき、増田萬吉が記載されている戸籍謄本か抄本をどうしても見たい、それに基づいて正しいことを書き残したいので、戸籍謄本か抄本を中区区役所から取り寄せて、送っていただけないでしょうかと、二〇一五（平成二十七）年七月二十二日付け増田平、和子氏あて書状を送本時に同封して、今度は口頭でなく初めて手紙で改めてお願いした。

氏は、早速、中区役所に赴き、原戸籍の原本と相違ないことを「平成弐拾七年七月弐拾九日」に横浜市中区長が認証した戸主、養子増田清の戸籍謄本をとり、郵送してくれた。同年七月三十一日に受け取った。

さて、増田萬吉の謄本か抄本のご依頼ですが、中区役所で
調査致しましたところ、大正12年の関東大震災による焼失に
より、それ以前の戸籍関係書類は全くないことが判明しました。
それ以後で「増田萬吉」の名前が記載されております謄本を
探して貰い、入手しましたのが別紙であります。

2015年7月30日付け増田平氏から著者あて書簡（一部）

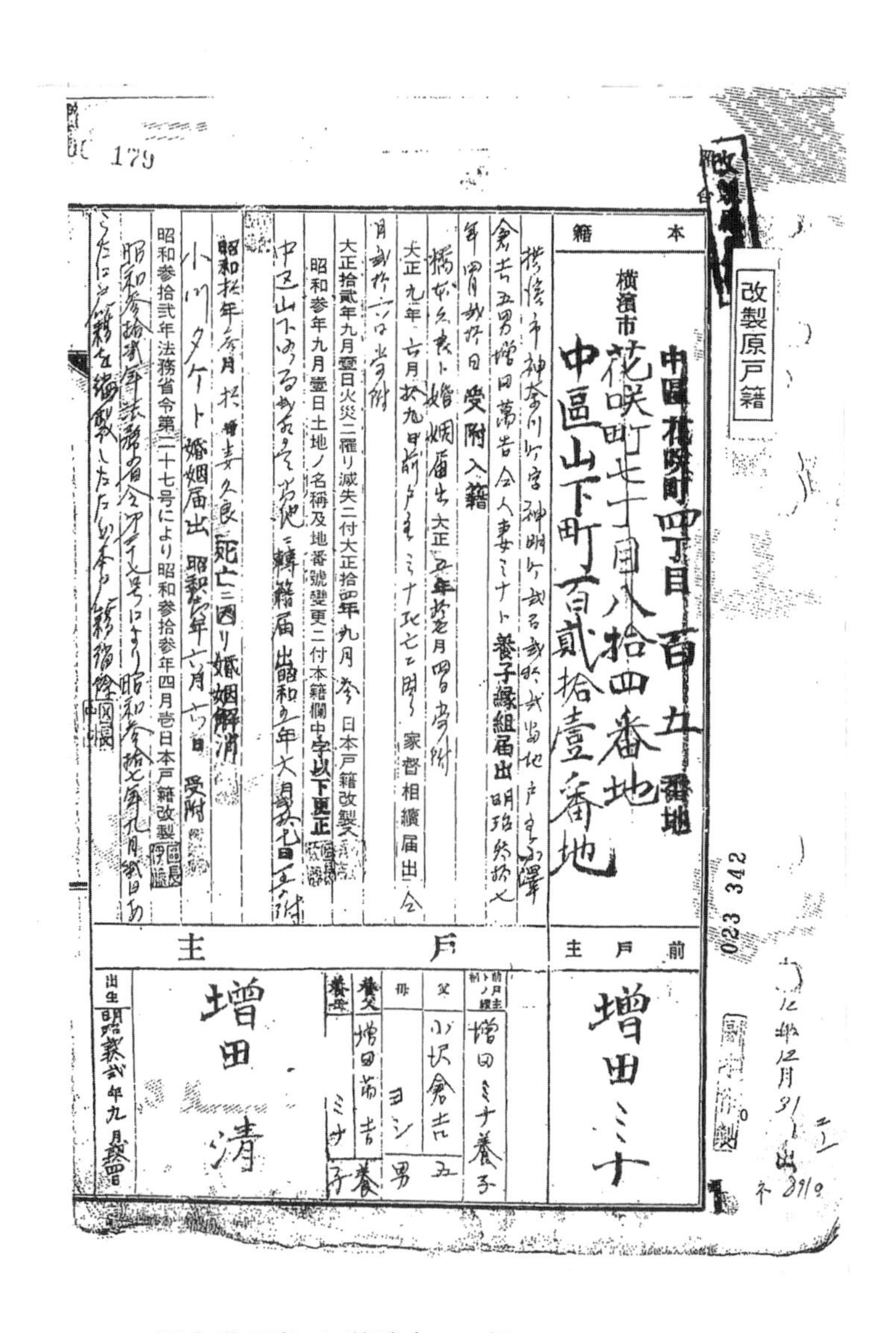
改製原戸籍

本籍
横濱市花咲町七丁目八拾四番地
中區山下町百貳拾壹番地
中區花咲町四丁目百五番地

[illegible]養子縁組届出 明治[illegible]年[illegible]月[illegible]日受附入籍

[illegible]ト婚姻届出 大正五年[illegible]月[illegible]日受附

大正九年六月[illegible]前戸主ミナ死亡ニ因リ家督相續届出[illegible]

大正拾貳年九月壹日火災ニ罹リ滅失ニ付大正拾四年九月参日本戸籍改製

昭和参年九月壹日土地ノ名稱及地番號變更ニ付本籍欄中字以下更正

[illegible]轉籍届出昭和[illegible]年[illegible]月[illegible]日受附

昭和拾年[illegible]月[illegible]日妻久良死亡ニ因リ婚姻解消

小川タケト婚姻届出 昭和[illegible]年六月[illegible]日受附

昭和参拾貳年法務省令第二十七号により昭和参拾参年四月壹日本戸籍改製

昭和参拾貳年法務省令第二十七号により昭和参拾七年九月[illegible]日あらたに戸籍を編製したため本戸籍消除

前戸主 増田ミナ

戸主 増田清

前戸主トノ續柄	父	母	養父	養母
増田ミナ養子	小沢倉吉 五男	ヨシ	増田萬吉 養子	ミナ

出生 明治[illegible]年九月[illegible]日

023 342

戸主増田清の戸籍謄本の一部

増田萬吉は、2か所に記載されている

謄本には、「前戸主増田ミナ」、「前戸主トノ續柄増田ミナ養子」、「養父増田萬吉養母ミナ」「増田萬吉仝人妻ミナト養子縁組届出」と記載されている。

この戸籍謄本には、萬吉の生年月日、死亡年月日、養子縁組届出年月日は記載されていない。

しかし、この謄本のおかげで、増田萬吉の正しい表記および妻の名は片仮名でミナと書くことが判明した。送っていただいた戸籍謄本が戸主増田萬吉の戸籍謄本でないのがまことに残念でならなかった。

本書では、引用を含めて参考とした文献に「万吉」と出てくる場合は万吉と書き、それ以外では、この戸籍謄本に基づき萬吉を使っている。

ここで、二〇一五（平成二十七）年七月三十日付け増田平氏発、著者あて私信の後半を示しておかねばならない。

（略）中区役所で調査致しましたところ、大正12年の関東大震災による焼失により、それ以前の戸籍関係書類は全くないことが判明しました。それ以後で「増田萬吉」の名前が記載されております謄本を探して貰い、入手しましたのが別紙であります。（略）

送ってもらった別紙、戸主増田清の、原戸籍の原本と相違ないことを中区長が認証した謄本には、「大正拾貳年九月壹日火災ニ罹リ滅失ニ付大正拾四年九月参日本戸籍改製ス印」と記してある。火災の約二年後に増田清の戸籍は改製された。

前記火災時点で既に亡くなっていた増田萬吉の改製原戸籍は作られなかった。関東大震災前に誰かが交付申請して戸籍謄本か抄本を受けとっていれば別だが、戸主萬吉の戸籍簿は世に存在しないと著者は理解せざるをえなかった。

次からは一転して、日清戦争時に入る。

7　日清戦争、沈没艦船引き揚げ

清国に宣戦

明治二十七（一八九四）年三月、朝鮮国に東学党の乱がおきた。その鎮圧を名目に、同年六月清国が朝鮮国に出兵し、帝国日本も遅れて混成一個旅団派遣を決定した。

朝鮮国に出兵していた日清両国は互いに反目する。明治二十七年八月一日、天皇睦仁は清国に対し宣戦の詔書を渙発した。

九月、帝国海軍聯合艦隊は黄海にて清国北洋艦隊と交戦した。北洋艦隊主力、経遠ら三艦を撃沈し、揚威、広甲は遁走中に座礁した。

山東半島にある清国威海衛軍港付近もまた激しい戦場となった。明治二十八（一八九五）年二月、帝国陸軍は威海衛軍港陸岸を占領した。

二月、帝国海軍水雷艇隊は威海衛軍港に夜襲をかけ、艇同士の衝突事故もあったが、北洋艦隊旗艦定遠を擱座させ、来遠、威遠等三艦を撃沈した。

増田萬吉、従軍願い

座礁したり沈没したりした艦船や積載物引き揚げは、保有船腹量を殖やし、鉄材をはじめ金属材ほかを得て再活用する等のため、日本にとって緊要な業務となった。

潜水師増田萬吉が明治二十七（一八九四）年、潜水業目的で朝鮮国、清国へ出たのは、こういう時代であった。

明治二十七（一八九四）年十一月六日付け『讀賣新聞』に、「〇潜水業者増田萬吉氏の従軍願」と見出しを立てた記事が載っている。

この記事から、萬吉は自分の潜水業経験を活かして国のために尽くしたいという気持ちが強かったことがわかる。

増田萬吉の従軍願い記事
明治二十七（一八九四）年十一月六日付け『讀賣新聞』

○潜水業者増田萬吉氏の従軍願　横濱にて有名なる潜水業者なる増田萬吉氏ハ日清交戰に關し積年従事したる潜水業の經驗に依り戰地に隨行し沈沒したる敵艦中の戰器を採揚し報國の萬分の一も奉じたき旨昨五日神奈川縣廳を經て海軍々令部へ出願したりと云ふ

続いて同月十六日付け同紙に、「○沈沒敵艦の引揚に就て」と見出しを付けた記事が載った。

清國軍艦致遠經遠の両艦引揚方を今回府下の請負業者山科禮藏氏に廣甲號の引揚を横濱の増田萬吉氏に許可したるが（略）

廣甲引き揚げについては、一八九四(明治二十七)年十二月二十二日付け『讀賣新聞』が「○沈沒軍艦廣甲號の引揚」と題して伝えている。

横濱の潜水業増田萬吉氏が曩に大本營に於て特許を受けたる清國軍艦廣甲號引揚の事ハ愈々準備整ひ増田氏ハ今廿二日仁川へ向け横濱を出發する筈なるが（略）廣甲號ハ迯走の途中大連灣内の暗礁に乘揚たる者にて陸地に近きのみならず干潮の時ハ船体四五フィートも現はるる程なれバ引揚も容易なるべしと云ふ

迯は逃の異体字で、一フィートは約三〇センチメートルである。

また明治二十九（一八九六）年七月二十五日付け『讀賣新聞』は、「○威海衛沈沒軍艦の引揚」の見出しのもとに左のように記す。

威海衛沈沒軍艦の引揚ハ報國合資會社其他にて請負ひ目下頻りに引揚に従事し居る次第なるが中に定

遠の如きハ艦躰の大部分を水面上に現はし居るに係らず何れも水雷にて破砕したるものゆゑ現狀のまゝ引揚るを得ず皆一々破壊して一片の木材となし引揚中（略）

報国合資会社については、「貴族院議員鹿毛信盛氏等の創立せる報國合資會社ハ全く征清軍隊の爲め食料被服等一切の供給を以て目的とせるものなるが（略）」（明治二十八（一八九五）年一月二十四日付け『讀賣新聞』）、同社は軍艦引き揚げも請け負っていた。

すでに日本沿海にてヘルメット式ゴム衣潜水器をもって潜水を繰り返し、潜水技術とともに各種水中作業技術技能を錬磨してきた潜水夫が、国外でその技を発揮した。

艦船名がわかるサルベージ

明治二十八年旅券下付表を調べると、救助したり引き揚げたりした艦船名がわかる例がある。

渡航主意に「沈没軍艦廣甲引揚ノ為メ」旅券を下付された一人、市島文太郎は、本籍地新潟県北蒲原郡藤井村大字笠栁七八、住所東京市下谷区下根岸八六寄留だ。

来遠号等引揚旅券を受けた村杢甬之助の本籍地は、茨城県真壁郡下妻町四三、住所は東京市京橋区霊岸島浜町一六寄留となっている。

沈没軍艦広甲の引き揚げは、報国合資会社も請負、同社の社員と雇人が清国へ渡って引き揚げ作業に従事している。

明治二十七年、沈没船引き揚げ潜水夫ら

石田六松から森栄三郎までの三十二名が、渡航目的「沈没船引揚」、渡航先「元山」の旅券を下付された（表12）。元山は朝鮮国、日本海沿岸に位置する港町である。

彼ら三十二名の本籍地は、長崎県二十八名、鹿児

表12　明治27（1894）年、旅行目的「沈没船引揚、沈没船採取ノ為メ」旅券を下付された潜水夫

旅券番号	姓名	本籍地	住所	年齢	渡航目的	渡航先	旅券付与月日	下付事務府県	旅券返納月日
17595	石田六松	鹿児島県	長崎県長崎市外浦町	24年	沈没船引揚	元山	5月8日	長崎県	
15857	橋本　清	長崎県	同	52年4月	同	同	4月25日	同	
15574	本田安造	同	長崎県西彼杵郡淵村	25年8月	同	同	4月10日	同	
15559	太田久八	同	長崎県長崎市外浦町	24年3月	同	同	同	同	明治28年1月10日
15563	太田太左衛門	同	同	42年7月	同	同	同	同	同
15561	上近彦太郎	同	同	25年9月	同	同	同	同	同
16021	角谷幸左エ門	石川県	石川県羽咋郡七沢村	32年	沈没船採取ノ為メ	露領薩哈嗹島	6月6日	北海道	
15564	吉田種五郎	長崎県	長崎県長崎市外浦町	35年4月	沈没船引揚	元山	4月10日	長崎県	明治28年1月10日
12332	平藤次郎	同	同	30年7月	同	同	3月24日	同	
16020	竹谷竹次郎	福井県	福井県丹生郡四箇浦村	30年	沈没船採取ノ為メ	露領薩哈嗹島	6月5日	北海道	明治27年11月9日
15565	村上重吉	長崎県	長崎県長崎市外浦町	23年1月	沈没船引揚	元山	4月10日	長崎県	明治28年1月10日
15566	村上福松	同	同	23年1月	同	同	同	同	同
15567	村上太郎	同	同	27年1月	同	同	同	同	同
15571	向井仙吉	同	同	20年9月	同	同	同	同	明治28年10月2日
15572	向井節一	同	同	27年1月	同	同	同	同	
17594	村上岳太郎	鹿児島県	同	20年	同	同	5月8日	同	
15855	野口栄造	長崎県	同	29年4月	同	同	4月25日	同	
15560	楠田由太郎	同	同	30年1月	同	同	4月10日	同	明治28年1月10日
15570	山崎亀吉	同	同	26年8月	同	同	同	同	
15575	吉田源太郎	島根県	長崎県西彼杵郡淵村	30年4月	同	同	同	同	
15558	松田代吉	長崎県	長崎県長崎市外浦町	35年7月	同	同	同	同	明治28年1月10日
15554	古賀安衞	同	同	39年4月	同	同	4月9日	同	
15856	小萩平市	同	同	30年2月	同	同	4月25日	同	明治28年1月10日
17596	天野仙太郎	鹿児島県	同	22年	同	同	5月8日	同	
15557	沢田京市	長崎県	同	25年11月	同	同	4月10日	同	明治28年1月10日
17597	坂下作治	同	同	40年	同	同	5月8日	同	
15555	道下重造	同	同	26年11月	同	同	4月10日	同	明治28年1月10日
16025	宮田嘉兵衛	北海道	函館区西川町	42年	沈没船採取	露領薩哈嗹島	6月20日	北海道	明治27年10月28日
12331	廣瀬豸助	長崎県	長崎県長崎市外浦町	48年3月	沈没船引揚	元山	3月24日	長崎県	
12333	久田作藏	同	同	22年7月	同	同	同	同	明治28年1月10日
15556	久田作右衞門	同	同	40年10月	同	同	4月10日	同	同
15568	平野團平	同	同	25年10月	同	同	同	同	同
17803	平山清市	同	長崎県西彼杵郡	35年3月	同	同	5月21日	同	明治28年1月13日
15562	森口善七	同	長崎県長崎市外浦町	21年2月	同	同	4月10日	同	
15569	森栄三郎	同	同	25年2月	同	同	同	同	明治28年1月10日
28413	池脇福松	愛媛県	長崎県西彼杵郡戸町村	32年2月	沈没船引揚	仁川	12月14日	同	
28427	石垣長平	長崎県	長崎市外浦町	26年6月	同	同	同	同	
28429	石垣忠八	同	同	26年7月	同	同	同	同	明治28年2月10日
28419	濱崎勘重	同	同	42年1月	同	同	同	同	明治28年12月10日
28420	橋本重平	同	同	23年4月	同	同	同	同	同
28434	濱田彌市	同	西彼杵郡淵村	42年11月	同	同	同	同	
28431	太田太左エ門	同	長崎市外浦町	38年5月	同	同	同	同	明治28年12月10日
28432	太田久八	同	同	21年10月	同	同	同	同	同
28436	門矢福太郎	同	西彼杵郡戸町村	21年9月	同	同	同	同	
28414	橘達雄	兵庫県	長崎市外浦町	29年5月	同	同	同	同	明治29年4月6日
28415	高野徳松	福岡県	同	23年1月	同	同	同	同	
28416	野口参吉	長崎県	同	26年7月	同	同	同	同	
28412	山口幸松	愛媛県	長崎市小曽根町	27年7月	同	同	同	同	
28423	山村金左エ門	長崎県	長崎市外浦町	21年6月	同	同	同	同	明治28年12月22日
28425	山口種五郎	同	同	25年9月	同	同	同	同	
28421	古木太左エ門	同	同	26年2月	同	同	同	同	明治28年12月10日
28424	福井重平	同	同	22年9月	同	同	同	同	同
28430	小萩平一郎	同	同	30年10月	同	同	同	同	明治28年12月2日
28422	里野與左エ門	同	同	22年1月	同	同	同	同	明治28年12月10日
28426	沢田久平	同	同	22年6月	同	同	同	同	
28428	沢田京市	同	同	26年8月	同	同	同	同	明治28年12月10日
28433	峯舛市	同	同	24年7月	同	同	同	同	
28417	平藤次郎	同	同	31年5月	同	同	同	同	明治28年11月10日
28418	久田作藏	同	同	21年7月	同	同	同	同	明治28年12月10日
28435	平山清市	同	西彼杵郡淵村	44年11月	同	同	同	同	
30338	長濵亀次郎		東京市神田区佐久間町 3丁目9番地	42年11月	沈没軍艦引揚者 山科礼藏事務員トシテ	朝鮮	12月11日		明治29年4月23日

島県三名、島根県一名となり、住所は、長崎市外浦町二十九名、西彼杵郡淵村（長崎市淵町）三名と集中する。

これらの旅券は、明治二十七（一八九四）年三月二十四日から五月二十一日までの間に長崎県庁において下付された。

次に、「沈没船引揚」、「仁川」の旅券を下付された潜水夫らは、二十五名いる。仁川は朝鮮国、黄海に面した港湾都邑である。本籍地が長崎県の者二十一名、福岡県の者一名、愛媛県二名、兵庫県一名であり、住所は、長崎市外浦町二十名、小曽根町一名、西彼杵郡淵村二名、戸町村（長崎市戸町）二名となる。旅券下付月日は、明治二十七（一八九四）年十二月十四日である。

明治二十七年には、「沈没船採取ノ為メ」、「沈没船採取」で「露領薩哈嗹島」への旅券を北海道庁から受けた左記の三名がいる。薩哈嗹島はサガレン島である。

氏　名	住　所	年齢
角谷幸左エ門	石川県羽咋郡七沢村	３２
竹谷竹次郎	福井県丹生郡四箇浦村	３０
宮田嘉兵衛	北海道函館市西川町	４２

本籍地はそれぞれ住所と同じ県、道にある。

なお明治二十七年に、採貝、採貝業で旅券交付された者が九十四名おり、渡航先は濠洲八十名、新嘉坡十四名となっている。新嘉坡はシンガポールである。渡航目的潜水業では、旅券交付された者が十三名いる。

明治二十七年、旅行目的「沈没船引揚」や「沈没船採取ノ為メ」などサルベージで、旅券を下付された中で、本籍地が東北六県にある者はいなかった。

明治二十八年、沈没船引き揚げ潜水夫ら

明治二十八（一八九五）年には、「沈没船引揚」、「沈没軍艦引揚」、「沈没物件引揚」という渡航目的にて旅券を下付された潜水夫ら人数は、二五一名に増える。このほかに、「サハレン島」行き旅券を下付された潜水夫らが四十七名いる。これらも表で

渡航先	渡航主意	旅券付与月日	旅券返却月日
清國	沈没軍艦廣甲引揚ノ為メ	5月23日	
清國	沈没軍艦引揚用	7月24日	
清國	沈没軍艦引揚用	7月24日	
清国	沈没軍艦引揚	8月30日	
清国威海衛	沈没軍艦引揚ノ為メ	7月10日	
清國威海衛	沈没軍艦引揚用	8月29日	
清國威海衛	沈没軍艦来遠号等引揚補助ノ為メ	7月8日	
清國	沈没軍艦廣甲引揚ノ為メ	5月23日	
清國	沈没軍艦引揚補助ノ為メ	7月12日	明治29年1月16日
清國	沈没軍艦引揚用	7月24日	
清国	沈没軍艦引揚ノ為メ	8月28日	明治29年1月16日
朝鮮	沈没船引揚監督	12月28日	
清國威海衛	沈没軍艦引揚ノ為メ	7月10日	明治29年1月16日
清国	沈没軍艦引揚ノ為メ	8月28日	明治29年1月16日
清国	沈没軍艦引揚ノ為メ	8月28日	明治29年1月16日
清國	沈没軍艦引揚用	7月24日	

示そう。

さらに渡航主意、沈没軍艦引き揚げのため、明治二十八年外務省にて「清国」、「清国威海衛」行き旅券を受け取った潜水夫らが十六名いる。うち五名が報国合資会社社員一名と同社雇人四名だ。十六名の中には本籍地が岩手県盛岡市生姜町九の藤沢與三郎が含まれる。

ほかにも明治二十八（一八九五）年六月十八日にサハレン島への旅券を北海道庁から次のように受けている。

姓名	本籍地	住所
原田石之助	山形県	西田川郡京田村
長谷部金七	山形県	東田川郡黒川村
西田千代吉	秋田県	平鹿郡吉田村
冨田源太郎	山形県	山形市宮町
高橋孝次郎	秋田県	山本郡能代湊町
上田勇次郎	青森県	西津軽郡岩崎村

表13　明治28(1895)年、沈没軍艦引揚で、外務省から旅券を受け取った潜水夫ら

旅券番号	姓名	年齢	本籍地	住所
45510	市島文太郎	37年1ヶ月	新潟縣北蒲原郡藤井村大字笠栁78	東京市下谷區下根岸86寄留
48551	井口乙吉	25、9	長野県下伊那郡飯田町傳馬町2丁目97	東京市芝区櫻田伏見町2寄留
48552	伊藤岩吉	21、10	千葉縣東葛飾郡船橋五日市字上宿224	東京市芝区櫻田伏見町2寄留
49169	石井弥一	19年1ヶ月	東京府北豊島郡王子村大字豊島2603	
48516	二宮行篤	34、6	鹿児嶋縣出水郡上土水村武本3	東京牛込區辨天町160寄留
49167	髙橋錬五郎	29年11ヶ月	東京芝区金杉濱町70	
48511	村terms之助	31年2ヶ月	茨城縣真壁郡下妻町43	東京市京橋区靈岸嶋濵町16寄留
45511	工藤貴久治	36年10ヶ月	東京市芝區田村町5同居	東京市京橋區日吉町12報國合資会社々員
48523	久保田喜三郎	29、2	埼玉県高麗郡78	東京市日本橋区本材木町3丁目19
48553	藤沢興三郎	21、9	岩手県盛岡市生姜町9	東京市麹町区内幸町1丁目3寄留
49163	後藤友吉	30年7ヶ月	東京市京橋区本材木町3丁目16	
53984	江夏泰輔	41、6	鹿児島縣鹿児島市大字東千石馬場144	東京市芝区南佐久間町2町目17寄留
48515	秋葉七兵衛	44、9	東京々橋區本材木町3、19	
49165	齊藤房之助	35年3ヶ月	東京市京橋區鈴木町6	
49164	霜鳥幸作	41年	東京市京橋區本八丁堀1丁目18	
48550	鈴木源三	50、10	千葉縣夷隅郡清海村大字興津119	東京市本郷区湯島三組町92寄留

久保萬助　青森県　三戸郡階上村
工藤栄作　青森県　南津軽郡浅瀬石村
佐藤代吉　岩手県　稗貫郡早川口町
佐々木豊吉　青森県　南津軽郡光田子村
齊藤慶吉　宮城県　名取郡館腰村
佐藤甚吉　青森県　東津軽郡青森町
佐藤平次郎　岩手県　気仙郡盛町
三浦吾助　秋田県　南秋田郡豊川村
志藤貞治　山形県　横浜市内田町寄留
志藤貞次　山形県　大阪市東区伏見町寄留

志藤貞治の旅券番号は四八二九八、渡航先清国及び朝鮮国、旅券下付月日七月二十七日、旅券下付官庁は神奈川県庁である。

志藤貞次は旅券番号四六〇八六、清国威海衛、七月二十八日、大阪府庁となっている。

明治二十九（一八九六）年五月十八日、「沈没船

引上げ」、「薩哈嗹」への旅券を北海道庁から左のように下付されている。薩哈嗹は露領サガレンでる。

姓名	本籍地	住所
糸谷倉吉	青森県	弘前市紺屋町
長谷川文吉	青森県	西津軽郡柴田村
沼田福松	青森県	西津軽郡柏村
小田桐嘉七	青森県	西津軽郡川際村
柏崎辰五郎	秋田県	南秋田郡川尻村
長尾勇助	青森県	西津軽郡川際村
真坂長助	秋田県	由利郡本荘町
佐々木権太郎	青森県	上北郡藤坂村
笹森忠吉	青森県	弘前市亀甲町
鈴木要次郎	青森県	北津軽郡梅津村
野上東一郎	秋田県	秋田市恭町梅ノ町

このように東北地方出身の潜水夫らが地元から近い国外、サガレンへ出てゆく。

明治三十四（一九〇一）年十月二十八日には、本籍地岩手県気仙郡小友村一五八、年齢三十二歳二か月の黄川田謙吉が旅券番号二五七一、露国浦塩斯徳、天祐丸船員救難救護で同日岩手県庁から旅券を下付されている。浦塩斯徳はウラジオストックだ。

次いで、青森県三戸郡浅田村、工藤直治が、明治三十五（一九〇二）年四月二十四日に、旅券番号一四三八八、潜水業、西比利亜への旅券を北海道庁から交付された。西比利亜はシベリアである。

明治三十四年、淡水丸引き揚げ

この作業に従事した潜水夫らの人数は角野安蔵ら四十二名に及ぶ。大規模なサルベージ事業であった。従事者の本籍地は次のようだ。

角野安蔵	神戸市東出町三丁目九九
中村元次郎	兵庫県加東郡滝野村上滝野一六
丸山峯良	同加東郡七野村字久下山一九一

森山又吉　同浅石郡総本町一一一
林　兼吉　千葉県
中村市太郎　兵庫県
九鬼元造　千葉県
天野弘親　神奈川県
森　由　千葉県
今瀧彦太郎　大阪府
播磨市松　大阪府
濱田市太郎　愛媛県
細川米太郎　愛知県
徳本平吉　香川県
藤間嘉一郎　島根県
土佐權之助　千葉県
大城　松　沖縄県
大島良藏　山口県
岡田庄次郎　島根県
大橋佐七　大阪府
渡邊丑松　千葉県

渡邊吾八　熊本県
金森亀吉　奈良県
川辺竹次郎　大阪府
川上信之助　大阪府
竹原友吉　和歌山県
月野龍太郎　鹿児島県
上本乙松　大阪府
久原嘉十郎　長崎県
眞島政也　東京府
松本ナライシ　奈良県
福村權一郎　大分県
齊藤豊吉　福井県
佐藤啓次郎　東京府
島津藏吉　岐阜県養老郡牧田山村四四三
平井徳次郎　兵庫県神戸市栄町六丁目二〇
杉山千鶴　佐賀県東松浦郡唐津町一三〇
原田久三郎　宮崎県宮崎郡赤仁村大字城ヶ崎七三
金森亀吉　奈良県葛城郡箸尾村二四

上本乙松　大阪市西成郡豊里村大字管原八
瀬崎利平　岡山県吉備郡標井田村四一
中田見之助　和歌山県那賀郡奥安楽川村大字肥谷

本籍地を県別にまとめると、大阪府七名、兵庫県六名、千葉県五名、奈良県三名、島根県二名、和歌山県二名、東京府二名、あとは一名ずつで、沖縄県、鹿児島県、熊本県、長崎県、佐賀県、宮崎県、大分県、愛媛県、香川県、山口県、岡山県、福井県、岐阜県、愛知県、神奈川県となる。

この淡水丸サルベージに携わった潜水夫は、大阪府や兵庫県ほか西日本出身者が多く、東日本に本籍がある者は四十二人中八人だけだ。

なお、彼らの現住所は、不記載の者四名を除いて、台湾の台北県と基隆市となっている。旅券事務取扱官庁は全部、台北県庁だ。

淡水丸は台湾北部の臨海都市、淡水という地名に由来する船であろう。

8　サンフランシスコ湾で沈没郵船を捜した千葉県潜水夫

Hideo H. Kodaniから聞き取り

Hideo H. Kodani（小谷英雄）が、カリフォルニア州ロサンゼルスから、父祖の地を訪ねて初めて来日した。米国に住み続けた小谷一族の中で、戦後、先祖の地を訪ねた最初の人であった。その折、昭和四十八（一九七三）年十月二十八日、千葉県安房郡（現在、南房総市）白浜町にて聞き取り調査した。

そのなかで、カリフォルニア州モントレー、ポイントロバスでアワビをとっていた潜水夫がサンフランシスコ湾で沈没した米国郵船リオデジャネイロを約二か月捜索したが、船体を発見できなかったという話を聞き取った。それがいつかは、Hideoは知らなかった。

英雄は、小谷源之助、ふくの長男で、明治三十六

（一九〇三）年十二月四日千葉県安房郡長尾村根本一八四七番地で生まれた。「夫卜仝居」「北米合衆國」という内容の旅券を明治三十七（一九〇四）年八月十六日に下付された母「ふく」らとともに満一歳足らずで渡米した。一九五四（昭和二十九）年アメリカ合衆国国籍を取得している。

米国カリフォルニア州サンフランシスコ沿岸

リオ・ジャネイロ遭難

調べてみると、この海難事故を当時の米欧日の中央主要紙が報じていた。例えば、ロンドンの一九〇一年二月二十三日付け『ザ・タイムズ』は、二十二日朝、シティ・オブ・リオデジャネイロ（三五四八トン）がゴールデンゲート外側で沈没したと報じた。同じく二十三日付け米紙『ザ・ワシントン・ポスト』も死者捜索中と報道した。『東京朝日新聞』は二十四日付けで「倫敦路透社発上海経由電報」（ロンドンロイター社発シャンハイ経由電報）により同船難破を伝えた。

米国ニューヨークに本社を置く太平洋郵船会社が運航する、香港、横浜、サンフランシスコをつなぐ高速貨客船、ザ・シティ・オブ・リオデジャネイロが、サンフランシスコ港到着目前の一九〇一（明治三十四）年二月二十二日朝、濃霧のため座礁し沈没したのだ。

ゴールデンゲートは、太平洋からサンフランシスコ湾に入る通路をなす海峡で、日本人は金門海峡と呼んでいた。幅約二キロメートル、延長八キロメートルほどあり、海峡の南岸はサンフランシスコ市街だ。

四年二月二十五日

路透電報（上海經由）

●ジャ子ーロ號難破

二十三日倫敦路透社發

香港より横濱を經て桑港に航せる太平洋汽船會社汽船シチー、オフ、リオ、デ、ジャネーロ號

桑港港外に於て坐礁し

數名の死者を出せり

香港米國總領事ウイルドマン氏及びその妻子行方不明なり

（前號號外再録）

ジャネーロ号難破記事
『東京朝日新聞』明治34（1901）年2月25日付け　第三面

『The Monterey New Era.』記事

一九〇一（明治三十四）年三月六日付け『ザ・モントレー・ニュウ・エラア』というカリフォルニア州モントレーで発行されていた英字地方紙に、Mori & Co.日本人潜水夫によるリオデジャネイロ捜索記事が載っていることをCabrillo College（カブリロ大学）Sandy Lydon（サンディ・ライドン）名誉教授から二〇〇六（平成十八）年六月に教わった。

TO LOCATE THE RIO.

Seventeen Japanese Divers from Point Lobos go to San Francisco.

Seventeen Japanese divers, in the employ of Mori & Co. at Point Lobos, went up to San Francisco Friday morning to try and locate the wreck of the Pacific mail liner Rio Janeiro. The men, who are all experts, and who perform some marvelous feats while diving for abalones in deep water, were sent for at the instance of contractor A. M. Allen. So far they have failed to locate the wreck.

1901年3月6日付け『The Monterey New Era.』記事

この新聞記事を二〇一〇（平成二十二）年八月二十七日にモントレー公立図書館に入館して閲覧し複写した。

和訳すると、記事概要は次のようだ。

ポイントロバスにある森合名会社で雇っている十七人の日本人潜水夫が、難破した太平洋郵便定期船、リオ・ジャネイロの沈没位置を突き止めるために、金曜日朝サンフランシスコへ向かった。

○リオ號遭難後報（上野桑港領事報告）　リオデジャネーロ號本邦乘客死亡者の死体中今日まで發見せるものハ安達亦二郎の分のみにして太平洋郵船會社及其他に於て同號船体の所在及一般死亡者死体捜索の爲め賞を懸け居るが未だ其功を奏せざるとあり

リオ号遭難後報記事
『讀賣新聞』　明治三十四（一九〇一）年四月七日付け

彼らはアワビ採り潜水に驚くべき妙技を演じている熟練者で、請負人A・M・アレンの強い勧めで派遣された。

これまでのところ、難破船位置を捜し当てることに失敗している。

明治三十四（一九〇一）年四月七日付け『讀賣新聞』に、「〇リオ號遭難後報（上野桑港領事報告）」が載る。

太平洋郵船會社及其他に於て同號船体の所在及一般死亡者死体捜索の爲賞を懸け居るが未だ其功を奏せずとなり

この時点でも船体は発見されていない。

ところで、米紙『The Monterey New Era.』に書かれた森合名会社とは、一体どんな会社だったのか。当時使われていた同社社用封筒や社用箋、社員

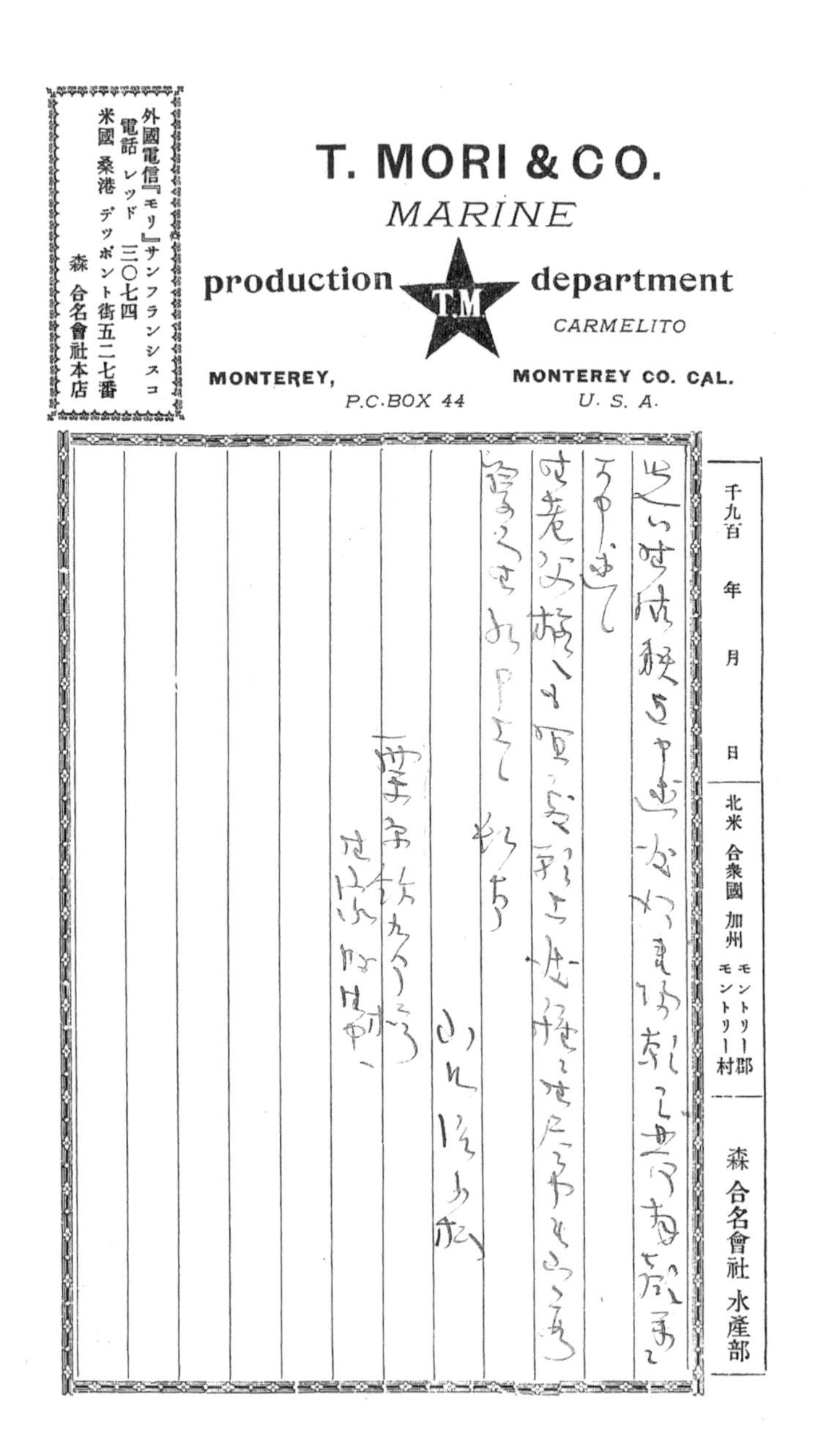

外國電信『モリ』サンフランシスコ
電話 レッド 三〇七四
米國 桑港 デッポント街五二七番
森 合名會社本店

T. MORI & CO.
MARINE
production department
CARMELITO
MONTEREY, P.C.BOX 44
MONTEREY CO. CAL. U. S. A.

千九百 年 月 日
北米 合衆國 加州 モントリー郡 モントリー村
森 合名會社 水産部

森合名会社水産部　社用箋

の手紙に書かれた社内の人の動き、在米邦字紙に出した薬の宣伝広告等から、会社名や所在地、社長名、社業などを明らかにできた。

MONTEREY MAY 13 11AM 1901 CAL.
の消印が捺されたMori & Co.の社用封筒

森合名会社

森合名会社は、米国桑港デッポント街五二七番に本店を置く薬販売会社である。桑港とはサンフランシスコだ。会社の商標はT・Mを星型で囲ってある。T・Mはトシクニ・モリのローマ字表記、頭文字からとっている。

会社は水産部をモントレー郡モントレー村、カーメル湾に面したカーメリト、ポイントロバスに置いていた。水産部の郵便箱番号はカーメル四四であった。水産部では、ポイントロバスを本拠に、モントレー湾、カーメル湾一帯でヘルメット式ゴム衣潜水器械を使ってアワビを漁獲し、干鮑に加工して東洋へ送り出していた。

社長は、護俊肇

T.MORI & CO.（森合名会社）の社長は護俊肇（もりとしくに）という。俊肇の本籍地は、滋賀県坂田郡長浜町大字東本町十七番屋敷であり、ここで萬延元年十月二十六日に生まれた。
長浜町（現在、長浜市）は琵琶湖の北東岸にある。羽柴秀吉の城下町として開けた港町だ。東本町は現在の長浜市商店街、その中央部、繁華街にある。

俊肇は、旅券番号商二四、渡航先北米桑港、渡航主意商業という旅券を明治三十（一八九七）年十二月二十四日に下付されている。

渡米後、一九〇〇（明治三十三）年八月に、水産部の経営を静岡県富士郡今泉村今泉（富士市今泉）八十二番地出身の井出百太郎から引き継ぎ、アワビ潜水器漁業、干鮑製造業に参入した。

この業をモントレーで創始した日本人は佐賀県出身の野田音三郎と井出百太郎、千葉県からの小谷源之助仲治郎兄弟であり、百太郎の後を継いだ経営者が護俊肇であった。

護俊肇の水産部があるポイントロバスでは、千葉県から渡米した人たちがアワビ潜水器漁業や干鮑加工作業で働いていた。

千葉県出身潜水夫ら

一九〇一（明治三十四）年三月現在、モントレー、ポイントロバスへ千葉県から出稼ぎしていた人たちの本籍地、姓名は次のとおりとなる。

安房郡七浦村千田六二二　安田市之助
千田五九二　安田大助
千田一二三七　栗原石松
千田六一八　早川千之助
千田六三四　山口治郎松
千田六二九　高橋春治
千田一二〇七　渡辺勘治
千田六一一　早川音治郎
平磯一八三　在原良之助
平磯一九六　鈴木治郎松
平磯一六六三　山本林治
平磯一六六三　山本梅吉
安房郡長尾村根本一八四七　小谷源之助

根本一八四七　小谷仲治郎

先の『The Monterey New Era.』記事には十七人の潜水夫と書いてある。これは、潜水夫と綱夫、潜水ポンプ押し、ホース持ちなどの潜水補助人夫や母船、潜水器を積んだ潜水作業船（手船）の船員などを含めた人数であろう。

『The Japanese in the Monterey Bay Region』の中でサンディ・ライドンが書いているように、一九〇〇年ポイントロバスには、四人の捕鯨者がいた。日本人がここでアワビ漁業を始める前から、ポルトガル人がモントレー湾近海で捕鯨し、根拠地ポイントロバスで漁獲クジラから採油していた。彼らが捕鯨、採油業を廃業した後、その鯨陸揚げ場、船揚げ場、採油作業場、木造作業小屋をアワビ漁業日本人が使った。捕鯨廃業後、ポルトガル人もアワビ潜水器漁業日本人経営者に雇われた。

サンフランシスコへ出向いた一行には、これらポルトガル人も含まれていた筈である。

彼らがモントレーを出発しサンフランシスコへ向かった日は、曜日をさかのぼって計算すると、一九〇一（明治三十四）年三月一日になる。

A・M・アレン

A・M・アレンはAlexander Macmillan Allanという。ポイントロバスの地主で、この地で炭鉱を経営していた。アワビ潜水器漁業や干鮑製造業を続ける小谷源之助、井出百太郎、護俊肇に土地を使わせていた米人実業家である。

潜水捜索の結果

サンフランシスコで発行されていた一九〇一（明治三十四）年三月七日付け『The Weekly Examiner』には、リオデジャネイロを探索している潜水作業船写真が載っている。写真をみると、潜水作業船はオール（櫂）で漕いでいて、日本式の櫓を使っていない。このことから森合名会社潜水夫が潜水作業をしている作業船写真ではないとわかる。日本人ではない潜水夫の潜水中の写真である。

一九一一（明治四十四）年に発行された『北米踏査大觀上巻』には、この森合名会社潜水夫による捜索は、船体の所在を発見できなかったと書いている。「此際金門灣内の海底地圖に誤謬あるを發見し其後灣内海底地圖の改訂せられたる所少からざりしとい ふ」と記してある。

二〇〇一（平成十三）年にニューヨークで出版された『Great Shipwrecks of the Pacific Coast』と題する単行本に、ロバート・C・ベリク（Robert C.Belyk）は、リオデジャネイロの船体は発見されていないと書いている。

ベリク本の表題からみても、太平洋岸の難破船事故の中で、リオデジャネイロの沈没は大きな海難事故であったと知れる。

9　日露戦う

始まった日露戦争

日清戦争から十年経った。そのころ、朝鮮半島への影響力を互いに強めたい日露両国は共に警戒し合っていた。

遂に明治三十七（一九〇四）年二月十日、日本はロシアへ宣戦布告した。

海戦も会戦も激しかった。

ウラジオストック港を根拠とする露艦隊は、軍隊輸送中の金州丸を元山沖で沈めた。

六月、同艦隊は、対馬海峡で陸軍運送船常陸丸、和泉丸を撃沈し、佐渡丸を砲撃した。

八月、日本海軍は蔚山沖で同艦隊と砲戦、一隻を沈めた。

八月、ロシアは、バルチック艦隊の太平洋派遣を決定する。十月、約四十隻からなるバルチック艦隊はバルト海リバウ軍港を出航した。二手に分かれて、吃水の浅い艦十四隻は地中海、スエズ運河を通過し、ほかはアフリカ大陸南端、喜望峰を回り、のち合流して、長途、太平洋を目指した。

翌、明治三十八（一九〇五）年。日本陸軍は大会戦の末、三月十日奉天に入城した。五月二十七日、戦艦三笠を旗艦とする日本海軍聯合艦隊は、旗艦スワロフ率いるバルチック艦隊と日本海対馬沖において、互いに艦列を組んで相まみえた。聯合艦隊は日本海海戦に勝利した。

七月、陸軍第十三師団は南樺太に上陸して港湾都邑コルサコフ（のち、大泊（おおどまり））を占領した。

明治三十八（一九〇五）年九月五日、日露両国は米国ポーツマスにおいて日露講和条約を結んだ。

座礁したり沈没したりした艦船の引き揚げがまたも緊要な業務になった。

日露戦中戦後の潜水夫海外進出の動き

明治三十七（一九〇四）年十一月二十二日に、旅行目的「引船ノ為メ」、旅行地名「馬来半島シンガポール」の旅券を北海道庁から下付を受けたのは次表の十五名である。

明治三十八（一九〇五）年五月八日、旅券番号一二五五四、本籍地熊本県飽託（ほうたく）郡本荘村一七三の古閑吉太郎が「潜水業」「上海」行き旅券を長崎県庁から受け取る。明治三十八年は、ほかに台湾の郭皆得が汽船漂着につき救護のため香港行き旅券を受ける。

明治三十九（一九〇六）年には、サルベージ、潜水業で表に示す潜水夫らが旅券を受け取っている。明治三十九年の表15中、山科幸三郎は山科禮藏の弟であり、佐野礒吉は佐野仲治郎の兄である。

旅行地名はみな露領、サガレン、ウラジオ、沿海洲であり、ウラジオストックを略してウラジオと記している。

旅　行　地　名	旅行目的	下付月日	旅券事務担当庁
馬来半島シンガポール	引船ノ為メ	11月22日	北海道
〃	〃	〃	〃
〃	〃	〃	〃
〃	〃	〃	〃
〃	〃	〃	〃
〃	〃	〃	〃
〃	〃	〃	〃
〃	〃	〃	〃
〃	〃	〃	〃
〃	〃	〃	〃
〃	〃	〃	〃
〃	〃	〃	〃
〃	〃	〃	〃
〃	〃	〃	〃
〃	〃	〃	〃

旅行地名	旅行目的	下付月日	旅券事務道府県
薩哈嗹	沈没船視察	4月25日	北海道
浦汐	船舶代理陸揚業	4月11日	長崎県
露領沿海州	沈没船引揚監督	7月21日	東京府
〃	〃	7月20日	〃
〃	〃	7月21日	〃
〃	〃	7月20日	〃
〃	〃	7月21日	〃
〃	〃	7月20日	〃
〃	〃	〃	〃
浦塩斯徳	潜水業視察	10月30日	北海道

旅行地名	旅行目的	下付月日	旅券事務道府県
北米合衆國	漁業従事	11月8日	千葉県
〃	〃	〃	〃
〃	〃	〃	〃

表14　明治37(1904)年、旅行目的「引船ノ為メ」、旅行地名「馬来半島シンガポール」旅券を下付された潜水夫ら

旅券番号	氏　名	本　籍　地	年　齢
6951	石丸藤藏	東京市本郷区東町2丁目66	18年1ヶ月
6952	長谷川千剣	新潟県北蒲原郡新発田町大字新発田町字鉄砲町101	21年6ヶ月
70956	渡辺寅三郎	小樽市相生町16	26年○ヶ月
70955	柿本栄太郎	函館区仲町70	23年8ヶ月
6956	柿沼潤太郎	仝区壽町24	16年11ヶ月
6954	風間庄藏	新潟県西頸城郡木浦村大字鬼舞69	43年1ヶ月
70957	米木次郎松	神奈川縣横濱市元町5丁目203	48年7ヶ月
70952	髙野嘉吉	島根県邇摩郡尾野村256	39年11ヶ月
70954	髙岩庄九郎	石川県羽咋郡西海村字風毛斗ノ35	26年4ヶ月
70950	谷澤好太郎	函館区會所町42	36年2ヶ月
70950	久須見廣太郎	新潟県三島郡島田村大字小島谷75	38年10ヶ月
6955	久保田要助	函館区東川町209	47年1ヶ月
6953	松下弥三郎	石川県石川郡蠑屋村字廣島16	27年11ヶ月
70953	小林末次郎	新潟県西頸城郡木浦村大字鬼舞40	28年9ヶ月
6957	相沢庄九郎	新潟県三島郡関原村大字関原	17年1ヶ月

○は判読できない数字一字を表す

表15　明治39(1906)年、旅行目的「沈没船視察、船舶代理陸揚業、沈没船引揚監督、潜水業視察」で旅券を下付された潜水夫ら

旅券番号	氏　名	本　籍　地	年　齢
291	野村吉之助	函館区豊川町54	26年
16931	三角龍右衛門	鹿児島県始良郡蒲生村上久徳282	27年6ヶ月
40292	林　定吉	千葉県安房郡長尾村滝口4225	明治6年6月生
40287	吉田貞市	広島県世羅郡甲山町大字甲山146	明治11年5月生
40291	田中助治	千葉県安房郡神戸村中里227	慶応3年2月生
40286	山科幸三郎	広島県御調郡三原町大字三原446	明治2年12月生
40290	青木若松	千葉県安房郡富崎村布良1230	明治11年9月生
40288	佐野仲治郎	千葉県安房郡長尾村根本1854	明治16年7月生
40289	佐野礒吉	〃	明治9年9月
46209	松田定吉	函館区元町57	34年

表16　明治39(1906)年、旅行目的「漁業従事」で旅券を下付された潜水夫

旅券番号	氏　名	本　籍　地	年　齢
56612	安田万吉	千葉県安房郡七浦村千田５９２	２０年４ヶ月
56613	川上長松	〃　１６３１	２９年６ヶ月
56614	山口豊松	〃　６３４	29年

旅行地名	旅行目的	下付月日	旅券事務道府県
北米合衆國	潜水業研究	3月1日	千葉県
アレキサントルスク	潜水業ノタメ	5月4日	北海道
アレキサンドルスク	〃	〃	〃
西比利亜	船引揚監督	4月26日	東京府
〃	〃	〃	〃
〃	沈没船引揚監督	〃	〃
〃	〃	〃	〃
〃	〃	〃	〃
〃	〃	〃	〃
〃	〃	〃	〃
〃	〃	〃	〃
〃	沈没船舶引揚監督ノタメ	〃	〃
〃	〃	〃	〃
露領西比利亜	〃	〃	〃
西比利亜	〃	〃	〃
露領西比利亜	沈没船舶引揚監督ノ為メ	〃	〃
〃	〃	〃	〃
〃	〃	〃	〃
〃	〃	〃	〃
〃	沈没船舶引揚監督ノタメ	〃	〃
〃	〃	〃	〃
〃	〃	〃	〃
露領アレキサンドルスキー	沈没船引揚ノ為メ	6月19日	神奈川県
廣東	難波船引取ノ為メ	4月2日	臺東廳
比律賓群島	潜水業人夫	10月14日	熊本県
〃	潜水業会計	〃	〃
〃	潜水業人夫	〃	〃

旅行地名	旅行目的	下付月日	下付事務県
米国	採貝業	3月28日	岡山県
英領新嘉坡	〃	12月10日	和歌山県

表17　明治40（1907）年、旅行目的「潜水業研究、潜水業ノタメ、船引揚監督、沈没船引揚監督」ほかで旅券を下付された潜水夫ら

旅券番号	氏　　名	本　籍　地	年齢、生年月
78106	岩瀬　巖	千葉県夷隅郡大原町9339	19年6ヶ月
79962	西　吉松	北海道函館区天神町	46年
79963	森　德松	函館区音羽町	49年
86772	石井德松	千葉県安房郡神戸村犬石368	慶応3年4月
86773	岩田辰之助	仝県安房郡長尾村根本1806	明治13年4月
86771	小栗留吉	仝郡神戸村犬石412	文久2年11月
86776	若佐長松	仝郡長尾村根本1650第2号	明治12年10月
86777	若佐文藏	仝上	明治18年1月
86775	吉田貞市	広島県世羅郡甲山町大字甲山146	明治11年5月
86778	田邉忠治	千葉県安房郡神戸村中里148	明治6年4月
86774	永岡伊兵衛	兵庫県神戸市兵庫多門通5丁目5	明治12年1月
86784	守　熊吉	千葉県安房郡長尾村1870	明治11年11月
86785	守　文治	仝上	万延元年7月
86779	古谷金八	仝郡長尾村根本1819	明治18年6月
86780	古谷馬之助	仝郡長尾村根本1730	弘化4年6月
86787	小谷馬之助	仝郡長尾村根本1820	安政6年正月
86788	小谷半次郎	仝郡長尾村根本1837	明治10年1月
86786	小谷音吉	仝郡長尾村根本1666	安政5年正月
86770	小谷與四郎	〃	明治14年8月
86782	佐野磯吉	仝郡長尾村根本1854	明治9年9月
86783	佐野仲治郎	〃	明治16年7月
86781	里島清吉	仝郡神戸村中里135	明治10年5月
94819	髙橋栄三郎	横濱市神奈川町278	26、5
34921	杜蕃薯王	台東庁廣○成廣○○30	34
105265	長船宇七	熊本県天草郡富岡村	28年6ヶ月
105263	福島正藏	〃	20年9ヶ月
105264	白砂乙吉	〃	23年10ヶ月

表18　明治40（1907）年、旅行目的「採貝業」で旅券を下付された人たち

旅券番号	氏　　名	本　　籍　　地	年　齢
82333	古谷君右衛門	岡山県都窪郡加茂村大字津寺	27年10ヶ月
113267	島　音松	和歌山県東牟婁郡西向村大字西向	32年6ヶ月

旅行地名	旅行目的	下付月日	下付事務府県
浦塩斯德	汽船大福丸遭難取調	1月28日	東京府
露領浦塩斯德	遭難汽船調査	〃	大阪府
露領浦塩斯德港	沈没汽船救助トシテ	〃	兵庫縣
〃	〃	〃	〃
〃	〃	〃	〃
〃	〃	〃	〃
清國	潜水器買入	1月10日	和歌山縣
露領浦塩斯德港	沈没船救助ノ為メ	3月30日	兵庫縣
露領浦塩斯德	沈没船引揚救助ノ為	5月11日	〃
〃	沈没船損害状況實地視察	5月22日	〃
西比利亜	遭難船舶検査	6月8日	東京府
〃	〃	〃	兵庫縣
露領浦塩斯德港	沈没船引揚工事ノ為メ雇ハレ	6月12日	〃
浦汐斯德	潜水業	6月17日	關東都督府
ニコライウスク	難船救助	8月7日	北海道
シベリヤ	〃	8月6日	〃
〃	〃	〃	〃

旅行地名	旅行目的	下付月日	下付事務県
濠洲	貝採業	4月6日	廣島縣
木曜島	潜水夫	10月8日	長崎縣

表19　明治41（1908）年、旅行目的「汽船大福丸遭難取調、遭難汽船調査査、沈没汽船救助トシテ、潜水器買入」等で旅券を下付された潜水夫ら

旅券番号	氏　名	本　籍　地	年　齢
117137	森　貞範	東京市麹町区麹町平河町5丁目5	明治8年11月7日生
104120	小島豊俊	大阪市北区西野田玉川町1丁目1543	43年3ヶ月
71321	林　岩吉	徳島縣徳島市大字富田浦町番地不詳	33年5ヶ月
71318	戸田　實	和歌山縣日高郡藤田村大字藤井2249	32年2ヶ月
71320	竹内仁作	福井縣丹生郡三方村田尻板第13号4	19年3ヶ月
71319	小島豊俊	大阪市北區西野田玉川町1丁目1543	43年3ヶ月
113335	辻　半七	和歌山縣海草郡日方町	16年10ヶ月
71352	藤岡忠助	兵庫縣神戸市下山手通6丁目62	43年11ヶ月
71379	原　甚三郎	福岡縣京都郡沖津村字辻垣497	39年11ヶ月
71390	廣部正三	福井縣福井市清川上町102	48年5ヶ月
124856	小山幸太郎	京橋区木挽町2丁目13	慶応2年12月8日生
124857	瀬尾永治	京橋区永島町10	安政5年12月29日生
71402	坂井文藏	兵庫縣津名郡生穂村ノ内大谷村130	42年2ヶ月
83725	曽根秋太郎	廣島縣安藝郡倉槗島村871/1	39年8ヶ月
128884	磯部喜代三郎	愛知縣知夛郡野間村	38年
128878	木谷太四郎	東京市日本橋区蛎売町	52年
128877	森　貞範	東京市麹町区平河町	34年

表20　明治41（1908）年、旅行目的「採貝業、潜水夫」で旅券を下付けされた潜水夫

旅券番号	氏　名	本　籍　地	年　齢
122314	井手元佐太郎	廣島縣安藝郡大屋村	明治4年7月26日生
92890	中村才松	長崎県長崎市大浦郷658	33年5ヶ月

旅行地名	旅　行　目　的	下付月日	下付事務官庁
木曜島	潜水夫タル内縁夫ノ許	1月29日	長崎県
新嘉坡	眞珠貝採取水夫	5月6日	〃
〃	〃	〃	〃
英領新嘉坡	真珠貝採取ノ為メ	8月5日	兵庫県
濠洲木曜島	採貝貿易業	11月1日	広島県
印度	潜水業	12月16日	長崎県

旅行地名	旅　行　目　的	下付月日	下付事務官庁
西比利亜	山科海事工業所雇人	7月28日	東京府
〃	〃	〃	〃
〃	山科海事工業所雇	〃	〃
〃	〃	〃	〃
〃	〃	〃	〃
〃	山科海事工業所雇人	〃	〃
〃	〃	〃	〃
〃	〃	〃	〃
〃	遭難船調査、工作々業	7月3日	〃
〃	山科海事工業所雇人	7月28日	〃
〃	〃	〃	〃
〃	〃	〃	〃
〃	山科海事工業所雇	〃	〃
〃	〃	〃	〃
〃	〃	〃	〃
〃	〃	〃	〃
清國厦門	遭難船捜査ノ為メ	8月20日	澎湖庁
〃	難破船荷物処分ノタメ	12月18日	澎湖庁

表21　明治42(1909)年、旅行目的「潜水夫タル内縁夫ノ許、眞珠貝採取水夫、真珠貝採取ノ為メ、採貝貿易業、潜水業」で旅券を下付された潜水夫ら

旅券番号	氏　名	本　籍　地	年　　齢
134053	宮本タメ	長崎県南高木郡南串山村522	28年5ヶ月
134272	阿野仙藏	長崎県南松浦郡富江村松尾郷479	31年2ヶ月
134273	塩竃才吉	長崎県南松浦郡富江村松尾郷502	27年8ヶ月
905	橋本豊作	長崎県南松浦郡富江村富江郷204	45年7ヶ月
138241	沖田五市	広島県安芸郡大室村	文久2. 9. 26 生
616	山下岩吉	長崎県西彼杵郡茂木村宮摺名374	45年2ヶ月

表22　明治42(1909)年、旅行目的「山科海事工業所雇人、遭難船調査、工作々業」ほかで旅券を受けた潜水夫ら

旅券番号	氏　名	本　籍　地	年　　齢
144363	林　礒吉	千葉県安房郡長尾村根本1704	30年6ヶ月
144367	林　定吉	千葉県安房郡長尾村滝口4325	36年2ヶ月
144372	岡山寅吉	千葉県安房郡長尾村滝口5035	26年4ヶ月
144368	若佐熊吉	千葉県安房郡長尾村根本1698	42年5ヶ月
144377	若佐長松	千葉県安房郡長尾村根本1650第2号	29年10ヶ月
144371	吉田文治郎	千葉県安房郡長尾村滝口6220	25年9ヶ月
144373	吉田豊治	千葉県安房郡長尾村滝口6471	31年6ヶ月
144374	吉田音松	千葉県安房郡長尾村滝口6389	25年1ヶ月
144309	中村順吉	石川県金沢市上石引町96	37年8ヶ月
144366	小谷惣左衛門	千葉県安房郡富崎村布良1168	27年6ヶ月
144369	小谷定吉	千葉県安房郡長尾村根本1862	37年5ヶ月
144370	小谷政右エ門	千葉県安房郡長尾村根本1579	26年11ヶ月
144376	佐野礒吉	千葉県安房郡長尾村根本1854	32年11ヶ月
144365	鈴木竹松	千葉県安房郡長尾村滝口2374	37年9ヶ月
144375	砂山栄治	千葉県安房郡長尾村滝口6264	34年8ヶ月
144364	青木若松	千葉県安房郡富崎村布良1230	30年11ヶ月
98586	莊秀徹	台湾南墓宗澳青○郷48	文久2.12.22生
98602	楊　長	台湾西○澳食昇頭郷33	明治4. 1.11生

旅行地名	旅行目的	下付月日	下付事務官庁
東印度	真珠貝採取業	1月20日	長崎県
東印度	真珠貝採取業	1月20日	長崎県
東印度	真珠貝採取業	1月20日	長崎県
東印度	真珠貝採取業	2月19日	長崎県
東印度	眞珠貝採取	11月14日	長崎県
東印度	眞珠貝採取	11月14日	長崎県

旅行地名	旅行目的	下付月日	下付事務官庁
西比利亜	遭難船解撤作業	6月15日	東京府
西比利亜	遭難船解撤作業	6月15日	東京府
西比利亜	遭難船解撤作業	6月15日	東京府
西比利亜	遭難船解撤作業	6月15日	東京府
西比利亜	遭難船解撤作業	6月15日	東京府
西比利亜	遭難船解撤作業	6月15日	東京府
西比利亜	遭難船解撤作業	6月15日	東京府
西比利亜	遭難船解撤作業	6月15日	東京府
西比利亜	遭難船解撤作業	6月15日	東京府
西比利亜	遭難船解撤作業	6月15日	東京府
西比利亜	遭難船解撤作業	6月15日	東京府
ニコライウスク	潜水業	6月2日	北海道
サカレン	潜水業		北海道
ニコライエウスク	潜水業	6月2日	北海道
ニコライエウスク	水潜業	6月2日	北海道
サガレン	沈没汽船取調ノ為メ	8月1日	北海道
グァム	潜水業	11月24日	神奈川県
グァム	潜水業	11月24日	神奈川県
グァム	潜水業大工	11月24日	神奈川県
グァム	潜水業	11月24日	神奈川県
グァム	潜水業鍛冶工	11月24日	神奈川県
グヮム	潜水業舩夫	11月24日	神奈川県
グァム	潜水業	11月24日	神奈川県
グワム	潜水業舩夫	11月24日	神奈川県

表23　明治43(1910)年、旅行目的「真珠貝採取業、眞珠貝採取」で旅券を下付された潜水夫ら

旅券番号	氏　名	本　籍　地	年　齢
675	濵口友彦	熊本県天草郡鬼池村160	19年5ヶ月
676	川崎信志知	熊本県天草郡鬼池村983	16年3ヶ月
677	小林常利	熊本県天草郡鬼池村1036	15年3ヶ月
3941	山本亦市	熊本県天草郡鬼池村147	31年
8369	山本利平次	熊本県天草郡鬼池村951	15年10ヶ月
8367	荒木喜之吉	熊本県天草郡鬼池村1444	24年10ヶ月

表24　明治43(1910)年、旅行目的「遭難船解徹作業、潜水業、沈没汽船取調ノ為メ」等で旅券を下付された潜水夫ら

旅券番号	氏　名	本　籍　地	年　齢
156654	阿知波友吉	名古屋市中区東古渡字東雲63	31年1ヶ月
156655	菅野音吉	千葉県夷隅郡勝浦町出水1259番地2	39年8ヶ月
156656	小谷惣左エ門	千葉県安房郡富崎村布良1168	28年5ヶ月
156657	満田辰五郎	千葉県安房郡富崎村布良284	30年6ヶ月
156658	林　政治	千葉県安房郡長尾村根本1667	21年3ヶ月
156659	平野伊之吉	千葉県安房郡白濱村白濱4082	32年8ヶ月
156660	平野岩吉	千葉県安房郡白濱村白濱4084	26年3ヶ月
156661	宇山亀吉	千葉県安房郡白濱村白濱3159	34年6ヶ月
156662	山口亀吉	千葉県安房郡長尾村滝口4411	34年4ヶ月
156663	小栗久七	千葉県安房郡神戸村犬石412	34年5ヶ月
156664	石田勝太郎	千葉県安房郡長尾村滝口4346	20年10ヶ月
159243	岡田治三郎	北海道函館区若松町	48年
159245	三上啓治郎	北海道函館区住吉町	27年
159244	庄司新太郎	山形県西置賜郡蚕葉村	36年
159495	下田権藏	北海道函館区元町	27年
161067	長嶋武治郎	青森県青森市大町	55年
8124	飯田栄太郎	神奈川県横浜市岡野町313	51.1
8123	田辺文藏	神奈川県横浜市橘町2丁目3	53.1
8128	髙岡菊松	千葉県夷隅郡大原町10287	52.5
8129	根日屋長吉	千葉県夷隅郡大原町9875	40.5
8126	福島長藏	神奈川県橘樹郡川寄町久根寄28	30.11
8125	小坂嘉七	神奈川県横浜市神奈川町763	52.7
8122	佐野民藏	神奈川県横浜市西戸部町615	45.7
8127	森　貞三郎	東京市麻布区麻布宮下町1	41.6

明治四十（一九〇七）年における、旅券を下付された潜水夫らについては、潜水業六名、サルベージ二十一名、採貝業二名となる。表に示した。

明治四十一（一九〇八）年には、潜水業二名、沈没船救助、引き揚げ十四名、採貝業二名である（表）。

明治四十二（一九〇九）年、千葉県に本籍地のある潜水夫ら十五名が、山科海事工業所に雇われて西比利亜への旅券を東京府庁から下付された。ほかに石川県金沢市上石引町九六中村順吉が「遭難船調査、工作々業」で西比利亜行き旅券を東京府庁から下付された。西比利亜はシベリアである。明治四十二年には、採貝業三名、潜水業一名もいる。

明治四十三（一九一〇）年における旅券下付状況は表に示した。

遭難船解撤作業に千葉県安房郡、夷隅郡、それに愛知県名古屋市の者が西比利亜行き旅券を下付される。潜水業では、神奈川県と北海道、千葉県、東京府、青森県、山形県の潜水夫らがグアムやニコライエウスク、サガレン行き旅券を下付され、真珠貝採取業には熊本県天草郡鬼池村の六名が東印度への旅券を下付されている。

本籍地青森県青森市大町、長嶋武治郎が沈没汽船取調べのためサガレンへの旅券を北海道庁から下付された。

南部潜りの海外進出はいつからか

『南部潜水夫の記録』や岩手県九戸郡、種市町教育委員会発行『ふるさと読本―南部潜り―』、種市町発行『南部もぐり見聞録』には、南部潜りの磯崎仁助も旅順港で沈船の引き揚げに参加し、種市からも血気盛んな潜り達がこの事業に乗り込んだという意味のことが書いてある。

これを手掛かりに、外務省外交史料館所蔵、明治三十年代後半から明治四十年代前半における旅券下付返納史料に、旅順がある遼東半島、露領沿海州、浦汐、西比利亜、サガレンなどへの旅券を下付された南部潜りがいないかを注意深く繰り返し探した。が、発見することができなかった。

そこで逆に、南部潜りが海外サルベージ潜水に出稼ぎし始めたのは、一体いつからなのか。ここに視点を置いて、初めから調べ直してみた。

先に、明治二十六（一八九三）年に至って、岩手県に本籍地をもつ潜水夫一名が旅券を下付されたと書いた。

それは、旅券番号六三七三七、本籍地岩手県、住所長崎市築町、年齢二十八年七月の上野栄助であった。上野栄助は渡航主意沈没船引揚、渡航先香港という旅券を明治二十六（一八九三）年五月一日下付されている。

調査範囲を広げて、本籍地が東北地方六県（青森県、岩手県、宮城県、福島県、秋田県、山形県）にある潜水夫らが、外務省旅券下付返納史料に現れる状況を調べ、その中から南部潜りを拾いあげた。

その結果、大正六（一九一七）年四月から五月にかけて、「沈没船舶引揚工事ニ従事」するため旅行地名「沿海洲」で、大勢の種市村潜水夫らが北海道庁函館警察署から旅券を受け取っているのを漸く突き止めた。青森県三戸（さんのへ）郡も合わせ挙げると、次のようになる。

本籍地	姓名
青森県三戸郡下長苗代村	小笠原福松
青森県三戸郡下長苗代村	小笠原米吉
青森県三戸郡島守村	小畑申松
岩手県九戸（くのへ）郡種市村	田村寅藏
青森県三戸郡八戸（はちのへ）町	太田穂作
岩手県九戸郡種市村	館野岩松

ここに列挙した潜水夫ら六名の外にも、種市村に本籍地があり、「沿海洲」行き旅券を受けた潜水夫らは、次のように二十七名いる。

館野岩松、荒谷仁太郎、館野由松、大崎石太郎、

表25　大正5(1916)年4月7日、「旅行地名香港　旅行目的沈没船救助」で東京府から旅券を下付された潜水夫ら

旅券番号	氏　名	本　籍　地	年　齢
331129	西塚辰三郎	北海道古平郡古平町沖村31	21年9ヶ月
331130	小谷惣左ヱ門	千葉県安房郡富崎村布良1168	34年3ヶ月
331131	安西勇治	千葉県安房郡豊房村山荻190	19年2ヶ月
331132	宇山亀吉	千葉県安房郡白濵村3159	30年4ヶ月
331133	木曽亀吉	千葉県安房郡白濵村4552	29年11ヶ月
331134	宇山伊勢松	千葉県安房郡白濵村2840	32年10ヶ月
331135	宇山政太郎	千葉県安房郡白濵村2254	22年11ヶ月
331136	宇山留吉	千葉県安房郡白濵村2254	17年2ヶ月
331192	宇山亀吉	千葉県安房郡白濵村3116	18年11ヶ月
331126	宇山清藏	千葉県安房郡白濵村3157	29年11ヶ月
331137	髙木岩吉	千葉県安房郡白濵村4645	35年4ヶ月
331191	平野伊勢松	千葉県安房郡白濵村4229	22年11ヶ月
331138	平野繁松	千葉県安房郡白濵村4229	25年
331139	押本金之助	千葉県安房郡白濵村3559	31年9ヶ月
331140	平野亀吉	千葉県安房郡白濵村3448	31年3ヶ月
331141	小林金次	千葉県安房郡白濵村4745	21年11ヶ月
331142	小池由次郎	千葉県安房郡白濵村2463	32年
331143	黒川寅吉	千葉県安房郡西岬村2447	29年
331144	菅野常司	千葉県夷隅郡勝浦町出水1263	25年7ヶ月
331145	鈴木源造	千葉県夷隅郡大原町514	27年2ヶ月
331146	森口定吉	伊豆大島泉津村59	32年5ヶ月
331147	守　文治	千葉県安房郡長尾村根本1870	56年10ヶ月
331128	青木若松	千葉県安房郡富崎村1230	37年8ヶ月
331127	古谷猪之助	千葉県安房郡白濵村3166	32年4ヶ月
331148	菅野音吉	千葉県夷隅郡勝浦町1259ノ2	45年6ヶ月
331149	納谷友吉	北海道小樽区稲穂町東5丁目2	28年7ヶ月
331125	竜崎亀吉	千葉県安房郡白濵村3171	34年11ヶ月
331150	吉田啓次郎	千葉県安房郡神戸村犬石1741	40年10ヶ月
331151	吉田鉄之助	千葉県安房郡白濵村2994番2	23年5ヶ月
331152	福田大吉	愛媛県越智郡鏡村肥海324	40年2ヶ月
331153	関　栄次郎	大阪市西区三軒家上之町21	47年
331154	大森光太郎	香川県丸亀市宗古町8	28年3ヶ月
331155	信本万右ヱ門	愛媛県越智郡鏡村3307	31年4ヶ月
331156	木村米松	愛媛県越智郡鏡村1549	25年11ヶ月
331157	信本重右ヱ門	愛媛県越智郡鏡村3310	34年5ヶ月
331158	安井庄五郎	奈良県北葛城郡磐城村180	24年11ヶ月
331159	宮本藏太郎	東京府大島泉津村46	40年
331160	濵川吉五郎	東京府大島野増村1	36年5ヶ月
331161	奥山七藏	東京府大島泉津村丙20	45年8ヶ月
331162	水本房二郎	東京府大島泉津村50	31年4ヶ月
331163	江波戸亮太郎	千葉県匝瑳郡匝瑳村1073	44年8ヶ月
331164	大内竹太	愛媛県越智郡鏡村肥海甲2071	28年8ヶ月
331165	備前吉松	兵庫県神戸市橘通2丁目24	49年
331166	長濵亀次郎	東京市京橋区入舟町6丁目1	64年3ヶ月

331167	宇山五之松	千葉県安房郡白濵村2253	35年11ヶ月
331168	小原三之助	千葉県安房郡長尾村7422	30年11ヶ月
331169	小谷辰之助	千葉県安房郡富崎村1226	38年8ヶ月
331170	吉田寅吉	千葉県安房郡富崎村1160	36年4ヶ月
331171	黒川彦治	千葉県安房郡富崎村布良353	23年11ヶ月
331172	戸部德藏	千葉県安房郡白濵村439	19年
331173	宇山熊吉	千葉県安房郡白濵村2860	23年10ヶ月
331174	宇山常太郎	千葉県安房郡白濵2993	37年3ヶ月
331175	加藤四郎治	千葉県安房郡白濵村2601	21年6ヶ月
331176	宇山義次	千葉県安房郡白濵村3119	24年8ヶ月
331177	宇山清藏	千葉県安房郡白濵村3116	31年8ヶ月
331178	宇山又一郎	千葉県安房郡白濵村3360	33年
331179	泉　由松	千葉県安房郡長尾村7866	44年7ヶ月
331180	松井留吉	千葉県安房郡太海村太夫崎167	18年2ヶ月
331181	大橋勝之助	千葉県安房郡富崎村1270	26年7ヶ月
331182	藤井寅吉	千葉県安房郡健田村1411	39年5ヶ月
331193	豊崎留次郎	千葉県安房郡富崎村1189	32年6ヶ月
331183	黒川傳藏	千葉県安房郡富崎村1196	22年6ヶ月
331184	満田辰五郎	千葉県安房郡富崎村284	36年4ヶ月
331185	川名辰之助	千葉県安房郡富崎村1168	22年2ヶ月
331186	黒川豊吉	千葉県安房郡富崎村1258	27年11ヶ月
331187	黒川源七	千葉県安房郡富崎村1161	17年6ヶ月
331188	秋葉松藏	千葉県安房郡長尾村7243	26年2ヶ月
331189	吉田彦作	神奈川県横濵市元町4丁目161	34年2ヶ月

荒谷　酉、堀米浅吉、前森與吉、館石武三郎、館石定吉、中田福次郎、北川善右ヱ門、堀米浅藏、磯崎福太郎、中下辨毛、荒谷㐂一、大井福松、中田定吉、加鬮山三太郎、中田米吉、小松三郎、竹髙吉太郎、野口増太郎、堀米豊松、小松佐太郎、荒谷申松、小坂幸八、館野仁太

大正六（一九一七）年六月七日、本籍地青森県弘前市大字松葉町七六の熊谷源三郎が、「沈没船救助」、「浦汐斯徳沿海州」旅券を東京府庁から下付された。浦汐斯徳はウラジオストックである。

また、大正六（一九一七）年七月四日、「沈没船引揚ノ為」、「堪察加及沿海州」という内容の旅券を北海道庁函館警察署から受け取った潜水夫らは次だ。堪察加はカムチャツカである。

本籍地	氏名
青森県三戸郡八戸町	長谷川雲平
岩手県九戸郡種市村	松槁周吉

岩手県九戸郡大野村　　　　　中屋敷三之助
青森県三戸郡田子村　　　　　椛本栄作
青森県三戸郡八戸町　　　　　佐藤彦太郎

以上五名のほか、次に列挙する人たちは本籍地が皆、種市村と記載されているので、氏名だけを掲げる。

大入吉之丞、川端定吉、大下三太郎、久保田永作、下田末吉、下田石太郎、大村明太郎、銕屎酉松、柳沢松藏、大村鶴次郎、大崎福太郎、大光三郎、柳沢丑松、外久保圓之助、吹切伊勢松、舘石由太郎、磯崎三太郎、佐々木克郎、磯崎亀吉、磯崎巳之松、下川由松、磯崎德松　二十二名

先の五名と合わせると二十七名である。『南部潜水夫の記録』に明記された磯崎正海の名は発見できなかった。

『種市町史』第十巻史料編十には、大正六（一九一七）年、七年の種市村から露領沿海州へ沈没船引き揚げのため一時的移民した潜水夫について、大正八（一九一九）年一月十四日付け『岩手毎日新聞』を引用して記述してある。人数は合わないが、大正六年に潜水夫大勢が種市村から沿海州にサルベージ潜りで出稼ぎに出ており、外務省記録により裏付けできる。

その中の一人、長谷川雲平は、種市村にヘルメット式潜水器械潜水技術を伝えた三村小太郎の子である。著者は雲平、りゑの子、長谷川信也から昭和五十六（一九八一）年に八戸市で聞き取り調査したことがある。この時、りゑの住所を聞き間違え、確かめも不十分のまま、『房総の潜水器漁業史』に、「仙台市八本町」と書いてしまった。これは誤りであった。ここに「八本町」を「八本松」に訂正して、謹んでお詫びします。なお、雲平は、大正七（一九一八）年三月二十六日にも、北海道庁函館警察署から

「沈没船引揚、沿海洲」という旅券を下付されている。

本籍地が青森県三戸郡、岩手県九戸郡にある潜水夫らいわゆる南部潜りがまとまって外務省外交史料館所蔵、旅券下付返納史料に出てくるのは、大正六（一九一七）年となる。明治三十九年旅順港で南部潜りが沈没艦船引き揚げに携わったことを、現在公開されている外務省外交史料館所蔵史料によって立証できなかった。

同館所蔵外務省記録を経年的に調べていくと、特定の道府県の、同じ地域、すなわち一地方から纏まって潜水夫らが海外の特定地域に出向く例を確認できる。

既述したほかに、サルベージ潜りでは明治四十（一九〇七）年と大正五（一九一六）年の千葉県安房郡、大正六（一九一七）年の千葉県安房郡、北海道瀬棚郡、大正七（一九一八）年の秋田県南秋田郡等々の例がある。

真珠貝採貝潜水夫についても、昭和四（一九二九）年愛媛県西宇和郡、広島県安芸郡坂村、昭和六（一九三一）年広島県安芸郡坂村、愛媛県南宇和郡内海村などから濠洲へ一塊になって出掛けている。

10　地方から纏まって海外へ出た潜水夫ら

千葉県安房郡、兵庫県神戸市ほかの例

外務省記録以外に既往報告を調べたり、また潜水夫氏名が彫られた石文（いしぶみ）調査を愛媛県南宇和郡にある観世音寺や静岡県下田市田牛に鎮座する神社、カリフォルニア州モントレーの公営墓地などでおこなったりした。得た情報を外務省記録と突き合わせてみたが、氏名に一致しないところがあった。それ故、ここでは外務省記録に則る例だけを挙げる。

まず、明治四十（一九〇七）年四月東京府庁から、沈没船引き揚げ目的で、西比利亜行き旅券を下付された千葉県安房郡の潜水夫らにつき表に示した。

つぎに、大正五（一九一六）年には、兵庫県庁から「坐礁汽船救助ノ為メ」、「加奈陀」への旅券を下付されて、神戸市から海外へ出たのは、神戸市に本

旅行地名	旅行目的	下付月日	下付事務官庁
加奈陀	座礁汽船救護ノ為メ	1.28	兵庫県
〃	坐礁汽船救助ノ為メ	1.31	〃
〃	〃	2.1	〃
〃	〃	〃	〃
〃	〃	〃	〃
〃	〃	〃	〃
〃	〃	〃	〃
〃	〃	〃	〃

籍地がある潜水夫たちであった。これも表で示す。

大正五（一九一六）年、沈没船救助で東京府庁から香港行き旅券を下付されたのは、千葉県安房郡に本籍地を置く潜水夫を主体としていた。これも表に示した。

大正六（一九一七）年四月十三日、北海道庁函館警察署から旅券を受け取って沿海州で沈没船舶引き揚げ工事に従事した潜水夫らは、北海道、青森県、岩手県ほかの潜水夫らであった。次に列記する。

本籍地	氏名
北海道桧山（ひやま）郡江差町	飯塚富士太郎
〃	田村増太郎
〃	長谷末藏
〃	中野時太郎
〃	前田與太郎
〃	濱野又藏
〃	板谷七五郎

表26　大正5（1916）年、坐礁汽船救助、沈没船救助などサルベージの旅行目的で旅券を下付された潜水夫ら

旅券番号	氏　名	本　籍　地	年　齢
316186	乾　新二	神戸市兵庫湊町1丁目181	24.7
316195	乾　鼎一	神戸市兵庫湊町1丁目181	35.9
316196	谷　勇吉	神戸市葺合御幸通3丁目11	30.8
316197	鮒　万吉	神戸市兵庫西出町75	39.4
316198	小谷為二郎	神戸市兵庫東川崎町2丁目18	36
316199	折見染一	広島県賀茂郡阿賀町991	23.11
316200	樋上榮次郎	神戸市神戸北長狭通2丁目18	23.11
316201	瀬野長政	神戸市和田宮町4丁目1	40.8

〃　番場久藏
北海道桧山郡泊村　岩坂重次郎
江差町　小藪権太郎
〃　仙島理作
〃　田嶋力太郎
〃　辻　菊太郎
〃　奥　七太郎
〃　小野由太郎
〃　田保亀藏
〃　越後谷正應
〃　新出重作
〃　加賀谷久太郎
〃　倉谷倉造
〃　板谷吉藏
〃　伊藤留吉
〃　赤平與五郎
北海道古平（ふるびら）郡古平町　北谷　健
桧山郡江差町　乙丸㐂八

〃　酉田梅藏
〃　濱　石藏
〃　田島多三次
〃　馬緤新三郎
上ノ国村　秋田要藏
江差村　新出重次郎
札幌区南六条西七丁目　加藤梅太郎
亀田郡大野村　高田　豊
亀田郡亀田村　丸山仙治郎
函館区大黒町　日野政吉
〃　日野清造
函館区春日町　桑原平五郎
東京市神田区小川町　坪野軍治
茨城県多賀郡北中郷村　鴨志田捨松
函館区鶴岡町　堀　末吉
〃　山下筆吉
旭町　沖田藤吉
小樽区量徳町　中村勘治

青森県三戸郡下長苗代村　小笠原福松
〃　小笠原米吉
島守村　小畑申松

大正六（一九一七）年五月、六月に東京府庁から沈没船救助、浦汐斯徳沿海州への旅券を下付された潜水夫らは八十三名であり、そのうち千葉県、北海道瀬棚郡に本籍地がある潜水夫らは次である。

安房郡長尾村滝口七二五六　小原清三郎
神戸村大神宮六六九　庄司梅吉
大神宮六五九　小澤市五郎
大神宮四五一　吉田安太郎
犬石四一六　真田忠八
豊房（とよふさ）村神余（かなまり）二九二九　宇山平治
神戸（かんべ）村大神宮四四三　庄司音吉
長尾村滝口一四二〇　浅沼寅吉
富崎村布良一一五八　青木熊吉

神戸村龍岡六七〇　黒川芳平
白浜村白浜二八九八　小池若松
神戸村龍岡一七一　早川政雄
曦（あさひ）村南朝夷六　山口金吾
館山町館山七六〇　井上清吉
館山町館山三五　宮本岩松
館山町館山九三六　山中重太郎
西岬村波佐間九七三　佐野権吉
長生（ちょうせい）郡東浪見（とらみ）村東浪見一六三五　秋場求馬
東浪見村東浪見二七八〇　川崎武夫
安房郡館山町館山一〇三三　源中寅吉
豊房村大戸一九五　安西庄蔵
北海道瀬棚郡瀬棚村中浜村四三　杉村幸次郎
瀬棚二八　黒谷岩吉
浜中六〇　本島甚作
中歌四一　川村専太郎
中歌三四　山内市太郎

浜中五五	玉井安五郎
三本杉七	川髙政一
中歌一	笹森金太郎
金沢五	黒谷友次郎
中歌四	森瀬善治
最内九四	加賀谷光次郎
メツプ南岸	石塚八三郎
島歌一	廣澤良太郎
金沢七二	山崎鉄五郎
利別川尻六	熊谷栄蔵
虻羅四七	新保幸助

愛媛県から濠洲木曜島へ

大正十一（一九二二）年、眞珠採貝夫として出稼ぎした潜水夫らを旅券番号順に列挙すると、左記のようになる。

本籍地	氏名
南宇和郡西外海村二一七	山口倉市
四一一	友澤政次郎
福浦七四	和田宗太郎
船越一〇五四	松岡三太郎
大成川五ノ一六	中野藤治郎
八ノ六四	宮岡清吉
大成川五ノ一七	中野百一
五ノ七一	中野雪松
福浦六五七	中野美津吉
内海村白中浦七五五	濱田長男
西宇和郡川之石町十二番耕地八七	田中庄一
四八	大和杢左衛門
南宇和郡西外海村大成川八ノ六三	濱田則雄
南宇和郡内海村内海七六五	猪野宇三郎
西宇和郡川之石町十二番耕地四〇	兵頭常義
南宇和郡内海村中浦一〇三五	濱田治郎
御荘（みしょう）村菊川二七四〇	西川惣吉

表27　大正(1918)年、旅行目的「江都丸救助」、旅行地名「露領沿海州アレキサンドル」旅券を下付された秋田県出身潜水夫ら

旅券番号	氏　名	本　籍　地	生　年　月　日
372094	上野三治郎	秋田県南秋田郡北浦町159	明治34年7月9日生
372858	石垣小市	秋田県南秋田郡北浦町47	明治16年4月1日生
372857	高山亀吉	秋田県南秋田郡北浦町187	明治32年12月24日生
372856	千葉作太郎	秋田県南秋田郡北浦町116	明治28年11月1日生
372855	千葉作藏	秋田県南秋田郡北浦町116	明治4年10月14日生
372861	石垣熊五郎	秋田県南秋田郡北浦町47	明治9年4月4日生
372860	石川寛機	秋田県南秋田郡拂戸村19	明治19年11月10日生
372859	星野　清	秋田県南秋田郡北浦町101	明治11年3月12日生
372095	齊藤茂助	秋田県南秋田郡北浦町160	明治16年9月5日生
372096	澤木與吉	秋田県南秋田郡北浦町139	慶應3年2月15日生
372097	齊藤末吉	秋田県南秋田郡北浦町226	明治29年5月15日生
372098	齊藤粂治	秋田県南秋田郡北浦町157	明治35年3月21日生
372881	森富太郎	秋田県南秋田郡北浦町5番地ノ内3	明治11年5月15日生
372099	福田兼太郎	秋田県南秋田郡北浦町129	明治24年11月24日生
372873	浅井勇吉	秋田県南秋田郡北浦町5番地ノ内4	明治24年7月21日生
372854	畠山熊五郎	秋田県南秋田郡戸賀村塩濱4	明治3年11月3日生
372852	福田粂治	秋田県南秋田郡北浦町乙127	明治35年3月31日生
372853	中山善吉	秋田県南秋田郡北浦町111番地ノ1	明治32年9月12日生
372092	上野幸吉	秋田県南秋田郡北浦町93	明治30年7月20日生
372093	高野運治	秋田県南秋田郡北浦町125	明治34年7月23日生
372880	畠山駒吉	秋田県南秋田郡戸賀村塩濱11	明治11年3月19日生
372090	高野豊吉	秋田県南秋田郡北浦町74	明治36年1月26日生
372091	高野吉藏	秋田県南秋田郡北浦町74	明治33年3月22日生
372876	伊藤円治	秋田県南秋田郡五里合村箱井184	明治33年9月14日生
372874	加藤茂助	秋田県南秋田郡北浦町23	明治27年9月3日生
372851	齊藤運藏	秋田県南秋田郡北浦町160	明治15年11月8日生
372878	佐藤太郎	秋田県南秋田郡北浦町13	明治25年3月5日生
372877	畠山忠馬	秋田県南秋田郡戸賀村塩濱16	明治3年2月24日生
372879	安藤慶藏	秋田県南秋田郡脇本村脇本192	明治11年4月29日生
372867	佐藤長松	秋田県南秋田郡北浦町9	明治24年8月5日生
372872	戸島清吉	秋田県南秋田郡北浦町173	明治3年10月8日生
372871	相澤爲治	秋田県南秋田郡五里合村中石12	明治19年5月5日生
372870	相場禮助	秋田県南秋田郡北浦町6番地ノ2	明治20年4月21日生
372875	高山定吉	秋田県南秋田郡北浦町187	明治元年12月20日生
372866	石川三之助	秋田県南秋田郡北浦町37	明治9年8月5日生
372865	加藤榮吉	秋田県南秋田郡北浦町48	明治27年1月24日生
372864	大山翁治	秋田県南秋田郡北浦町48	明治32年10月10日生
372863	加藤喜市	秋田県南秋田郡北浦町21	明治10年2月4日生
372862	加藤禮助	秋田県南秋田郡北浦町46	明治32年11月28日生
372869	伊藤兼吉	秋田県南秋田郡船川港町18	明治21年5月21日生
372868	石垣鶴松	秋田県南秋田郡北浦町3	明治20年2月26日生
372883	泉　亀太郎	秋田県秋田市楢山餌刺町26	明治17年8月10日生
372884	高橋末吉	秋田県河辺郡牛島町192	明治28年7月15日生
372885	柴田弥太郎	秋田県秋田市楢山入川橋通り登町18	明治18年12月25日生
372886	加賀谷松治	秋田県秋田市室町2	明治4年8月27日生
372887	相澤德治	秋田県秋田市中川口52	明治26年3月1日生
372888	畠山重吉	秋田県南秋田郡戸賀村塩濱字漁光崎4	明治39年9月24日生
372889	佐々木政之助	秋田県秋田市新城町36	明治34年4月15日生

西宇和郡川之石町一番耕地二三〇　濱本惣太郎
　　十二番耕地二一　福島雅則
　　　　　　三　亀井一勇
　　　　一一二　宇都宮久兼
南宇和郡御荘村平城二二五　尾崎久次郎
　　西外海村船越七一一　山下仲治
　　　　下久家一三四　渡邊辰治
　　　　　　二一七　山口藤吉郎
　　　　下久家三二　山口俊明

昭和に入って、昭和四（一九二九）年、濠洲へ愛媛県西宇和郡、広島県安芸郡坂村から潜水夫らが纏まって渡航し、昭和五年、昭和六(一九三一)年にも、濠洲へ愛媛県南宇和郡内海村、広島県安芸郡坂村から潜水夫多数が出ている。

秋田県潜水夫ら江都丸救助へ

秋田県出身潜水夫らがサルベージで海外へ出稼ぎし始めたのは明治二十八（一八九五）年である。遭難船救護のため「サハレン島」へ次の三名が旅券を下付されている。

氏名	本籍地
西田千代吉	平鹿（ひらか）郡吉田村
高橋孝次郎	山本郡能代湊町
三浦吾助	南秋田郡豊川村

続いて明治二十九（一八九六）年にも、沈没船引き揚げのため左記三名が旅券を下付された。

氏名	本籍地	渡航先
柏崎辰五郎	南秋田郡川尻村	薩哈連
真坂長助	由利郡本荘町	薩哈連
野上東一郎	秋田市恭町梅ノ町	清国

このような実績を積んだ秋田県では、大正七（一

九一八）年に至ると、秋田県南秋田郡、秋田市、河(かわ)辺(べ)郡に本籍地がある潜水夫らが旅券を下付される。

『自大正七年四月至六月　海外旅券下付表』に綴られた「大正七年自四月至六月外國旅券下附表　秋田縣」には、旅行目的「江都丸救助」、旅行地名「露領沿海州アレキサンドル」という旅券を下付された潜水夫らが記録されている。旅券下付事務官庁は秋田県庁である。旅券を下付された人の本籍地は秋田県南秋田郡北浦町ほかにまとまっている。表に掲げた。

11　第一次世界大戦時に地中海で撃沈された八阪丸から金貨引き揚げ

第一次世界大戦始まる

一九一四（大正三）年六月二十八日、欧州サラエボで、オーストリア国皇太子がセルビア人に暗殺された。

ドイツはオーストリアの対セルビア強硬策支持を約束、オーストリア閣議は対セルビア対策を討議した。開戦論が多数を占めた。

同年七月二十八日、オーストリアはセルビアに宣戦布告し、戦端を開いた。これが世界の多くの国々が参戦する世界大戦の始まりとなり、欧州は戦火に塗(まみ)れた。

八月七日には、駐日イギリス大使グリーンは、ドイツ武装商船撃破のため、日本の対独戦参加を要請してきた。八月二十三日、帝国日本はドイツに宣戦布告した。

　九月二日、日本軍は中国山東省に上陸し、青島（チンタオ）でドイツ軍と戦い、また、赤道以北のドイツ領南洋諸島を攻撃して占領した。

　この間、日本商船がドイツ艦船から攻撃を受けた。地中海では、一九一五（大正四）年十一月三日、欧州航路に就航していた山下汽船株式会社靖国丸がドイツ潜航艇により撃沈された。畝川鎮夫が『海運興國史』に書いているように、一九一五（大正四）年末までに、千寿丸の行方不明を加え、八阪（やさか）丸、報国丸、建国丸など計五隻が沈められた。このほかにも、中越汽船株式会社所有、大越丸がスペイン、バルセロナ沖を航行中、大正五年六月「廿七日（?）」、ドイツ潜航艇の襲撃により沈没した（大正五年六月二十九日付け『東京毎日新聞』）。

　日本郵船株式会社八阪丸は、大正四（一九一五）年十二月二十一日にエジプト、プルロフ灯台沖でドイツ潜航艇の餌食になった。

　大正四年十二月二十四日付け『讀賣新聞』朝刊は、第五面に二段抜き見出しを立て八阪丸撃沈につき報道した。

　大正五年二月三日付け『世界新聞』には、八阪丸山脇船長が日本郵船社長に宛てた遭難報告書を載せている。

　大正七（一九一八）年、ドイツは連合国と休戦協定に調印して、戦争は終わった。死者一千万、傷者二千万、捕虜六五〇万を出した（『近代日本総合年表』）。

　大戦が終わって七年経った大正十四（一九二五）年、八阪丸が再び大きく報道された。

『東京朝日新聞』夕刊が伝えた記事

　大正十四（一九二五）年八月九日付け『東京朝日新聞』夕刊は、「撃沈された八坂丸の大金塊引揚げ成功す」と三段抜き見出しをもって報じている。

　記事には「深海工業所の片岡弓八氏は同行した七

大正五年二月三日　世界新聞　木曜日　第四百四十一號

◎八阪丸の最後

山脇船長の報告文全部

不運にして潜航艇の襲撃に逢ひ

中海々底に葬られたるは

万の財寶を敵手に奪はる

敵潜航艇はアルゼリヤ沿岸及ジブラルタル航路間にあり

是迄地中海にて活動せし潜航艇は已に退治

燈火同様

途の運命恰も風前の

一時間未満

八阪丸前

遭難前

張を嚴にし航海を繼續

專ら警戒見

船尾の竿頭に翻へる國旗

一個を顯はし

ペリスコープ長短

一人だも逸めず潜航艇の存在を認めしものなかりしが

長以下一兩名は或は帽子を奪はれ或は跳ね飛ばされ

水線以下と思ふ所へ水雷命中せしもの如く

轟然たる爆音

第二輪

其の光景實に慘憺たり

各艇連捲きに八阪丸の運命を注視しつゝありしが

潜航艇は

白煙を吹きつゝ徐々航行恰も我等を冷笑

書類の處置を終り

機密書類悉く火中に投じ

保管せし託送

重要

同情甚だしく

民等の我船員等に對

在留中同地市

等一同不覺万歳を連唱して最敬禮感謝の意を表白

歌を吹奏

特に我帝國々

甲板上に整列して歡迎の好意を表せられ

佛國武裝曳船救助の爲め來着

讎然恨みを呑で退船

◎八阪丸の最後

大正5（1916）年2月3日付け『世界新聞』

名の潜水夫と十名の職工を督励、熱心引あげに努めた結果最近に至り作業漸く進行して、一週間前に契約當事者たる東京海上保険株式會社へ『十箱だけ引き揚げ得る見込み』といふ入電があつた」。片岡弓八は「大串式潜水服の特許権を受けてこの壮擧を目論み」と書いてある。当時の新聞記事によって八阪丸から金貨を引き揚げるまでの経緯をおおよそ掴むことができる。

一方、田村孝吉は「八坂丸金貨引揚秘話」と題して『黒汐文化』第九号に報告を載せている。この報告を使って矢代嘉春は『黒汐反流奇譚』に「八坂丸金貨引揚げ奮戦記」を書いた。

『黒汐文化』第九号にのる田村報文の内容は、計画から出発、地中海遠征隊員出身地、第一回作業、第二回作業、潜水病続発、海賊対策、金貨遂に発見、見事凱旋までの経過と「大串式潜水機」にわたる。

片岡弓八ほか沈没品引き揚げ作業に従事した人たちの氏名なども大正十四年四月二十三日付け『讀賣新聞』、同十四年八月十三日付け『讀賣新聞』、同年九月二十四日付け『東京朝日新聞』に載る。

ここでは、外務省外交史料館所蔵外務省記録によっ

地名	旅行目的	下付月日
	沈没品引揚ノタメ	1月27日
	〃	〃
	〃	〃
埃及、伊、佛、英、英印	沈没品引揚ノタメ	1月29日
伊佛、英	沈没品引揚作業ノタメ	3月4日
伊、佛、英吉利	沈没作業ノタメ	4月15日
	〃	4月15日
	沈没品引揚作業ノタメ	4月15日
	〃	4月18日
	沈没品引揚作業ノタメ	4月24日

表28　大正14年、八阪丸沈没品引き揚げのため渡航した濱田武治らに下付された旅券の内容

氏　名	本　籍　地	年　齢	旅　行
濱田武治	熊本縣上益城郡木山町木山390	35年	埃及、伊佛英
山内住太郎	長崎縣西彼杵郡大串村伊ノ浦郷	28年11月	〃
永尾福太郎	〃	24年7月	〃
片岡弓八	三重縣一志郡七栗村大字森	40年9月	香港新嘉坡経由
田村寅松	千葉縣安房郡富崎村相濱76ノ9	33年11月	地中海経由埃及、
大場達藏	千葉縣安房郡神戸村大神宮134	22年7月	埃及地中海経由
石井若松	千葉縣安房郡富崎村相濱24	34年	〃
石井權吉	千葉県安房郡富崎村相濱273	35年6月	埃及、伊、佛、英
東江精男	沖縄縣島尻郡伊平屋村諸見26	29年	〃
赤嶺三郎	沖縄縣島尻郡小禄村大嶺702	30年3月	埃及、伊、佛、英

「外國旅券下付表　東京府」

て明らかにしていく。

外務省外交史料館には「丑地發第一六〇號　大正十四年七月十七日　東京府知事印　外務省通商局長殿」あて文書の「附屬書類」である「外國旅券下付表」が保存され、公開している。「自大正十四年一月一日至大正〃年三月卅一日外國旅券下付表　東京府」と「自大正十四年四月一日至六月卅日海外旅券下付表」とに、八阪丸沈没品引き揚げ作業者が記録されている。おおむね旅券番号順に表示した。なお原表は手書きである。

埃及はエジプト、新嘉坡はシンガポールと読む。

本籍地が千葉県にある者四名、長崎県にある者二名、沖縄県にある者二名、三重県にある者一名、熊本県にある者一名、計十名である。

片岡弓八、濱田武治、田村寅松の三名を除く七名が潜水実務作業に従事した。永尾福太郎が綱夫をつとめ、他の六名は潜水夫である（「八坂丸金貨引揚秘話」）。潜水夫の本籍地は、千葉県安房（あわ）郡、長崎県西（にし）彼杵（そのぎ）郡、沖縄県島尻（しまじり）郡にわたる。

赤嶺三郎潜水夫は潜水病のためポートサイドの病院で亡くなった（「八坂丸金貨引揚秘話」）。大正十四（一九二五）年九月二十四日付け『東京朝日新聞』には、「操業中七月七日に潜水夫赤嶺三郎君（三〇）が深海の壓力と血壓の差から來る潜水病で倒れたことを最も遺憾とする、同君は土地の習慣によつて同地に土葬し遺髪を持つて歸つた」と片岡弓八の言葉を記事にしてある。

赤嶺三郎は沖縄県島尻郡小禄（おろく）村字（あざ）大嶺の出身であった。『増補大日本地名辭書』に吉田東伍は字大嶺について「居民海事に長ずるを以て古へ那覇爬龍船の水主を貢す」と述べている。大嶺には、海に生き海事に熟達する人が多かった。現在、那覇市の一部である。

八阪丸金貨引き揚げ作業に使った潜水器は、ヘルメット式ゴム衣潜水器ではない。大串式マスク式潜水器であった。三浦定之助（じょうのすけ）は『潜水の友』にこの潜水器につき説明し、大串式潜水器図を載せている。

特許大串式潜水マスクの実物は、現在、船の科学館が所蔵する。

大串式潜水マスクは次のように使う。潜水夫は目と鼻を覆う特許大串式潜水マスクを顔面につける。マスクの下には、鳥の、少し開けた嘴のような金具が付いている。これを口にくわえ上下の歯で噛むと、噛んだ時だけ弁が開き管を通してマスク内に給気される。空気は鼻から吸い、マスクの下、外に出ている口から海中に息を吐き出す。大串式マスク潜水器では、ヘルメット式潜水器と違って、空気を必要とするときに必要量だけ給気されるから、空気を無駄にすることが少ない。

特許大串式潜水マスク
（船の博物館所蔵）

潜水時、潜水服は木綿の繋ぎの服を着る。身体は濡れるが、軽装なので首を動かせ、視野が広く手許足許も見ることができ、ホースや命綱の後ろ捌きもヘルメット式潜水器の時よりもやりやすく、狭い所に入って身を動かすことができた。

平成六（一九九四）年一月二十九日、千葉県館山市笠名一四〇八番地熊澤久助とともに、同市相浜二五二番地熊澤清太郎宅で、熊澤清太郎（大正二〈一九一三〉年五月二十日生まれ）から、昭和七（一九三二）年六月から八月まで館山湾波左間沖で大串式マスク式潜水器を使った潜水訓練を受け六十尋まで潜水した体験につき聞き取り調査した。

八阪丸金貨引き揚げ成功の後、バルチック艦隊旗艦スワロフから積み荷を引き揚げる準備のため、相浜から一人、布良から五人が布良の潜水夫豊崎彦一（ひこいち）を教師として大串式マスク式潜水器潜水訓練を受けた。

館山町館山九十六番地長谷川造船所の一建物で合宿した。布良からの女性一人が賄いにあたった。三食付き、月三十円の手当が出た。日曜日の映画代ももらった。豊崎彦一から、潜水する前夜には①酒を飲まない②女遊びをしない③夜更かしをしないという三つの禁止事項を厳命された。訓練に使った船は突棒（つきんぼう）漁船だった。水産講習所（現在、東京海洋大学）館山実習場の桟橋に船を着けた。

潜水訓練では、一人ずつ交代で潜水し、ホース持ち、綱夫も訓練生が務めた。空気は、船のエンジンでコンプレッサーを回し、船上の二つの空気タンクを経て潜水夫へ送られた。潜水眼鏡は鼻入れ眼鏡で、海士が使う面（めん）と同じくらいの大きさだったが、造りは頑丈で、ゴム、ガラスは厚く、重さも重く、面を顔に付けるゴムバンドは海士の面のものより太く、後ろでフックにて止めた。

服は木綿の繋ぎ作業服を着、頭には手拭いを被り後ろで縛った。その上から面を被った。錘は四貫目くらいの鉛一つで腹に巻いた。地下足袋をはき、手に軍手をつけた。送気ホースは腰の後ろから面に繋がれていた。

面への送気は、面の下についた洗濯挟（せんたくばさ）みのような金具を口にくわえ、その金具を上下の歯で噛むと、空気が面の右側一か所から面内に入ってきた。呼吸は鼻で吸って口から吐いた。

当時、八阪丸は四十尋、スワロフは六十尋の水深にあると聞いた。訓練潜水は、十尋単位で止まって体を慣らし、徐々に深く潜ることをくり返した。訓練を始めて二か月後に六十尋に潜水した。底には冷っとした潮があり、「あ、きたな」と感じると、すぐ足が海底についた。滞在時間は二分間ばかりであった。

能澤清太郎は、潜水病を心配した父親の反対により、訓練を受けただけにとどめた。

なお、八阪丸から金貨を引き揚げた潜水夫が村へ戻った時は、村中大騒ぎだったと清太郎は語っていた。

12　香港にて座礁した浅間丸を救助

浅間丸座礁

昭和十二（一九三七）年九月三日付け『東京朝日新聞』第二面に、「香港地方に猛颱風　淺間丸坐礁す　乗組員全部無事」という見出し記事により浅間丸座礁が伝えられた。第十一面には、「日本よりサルベージを呼び損傷調査の上引卸しを行ふ事になつた」と書いている。

浅間丸は日本郵船株式会社が所有する豪華客船であり、太平洋横断航路に就航していた。

昭和十二（一九三七）年十月六日付け『東京朝日新聞』第十一面には、「目下多數の潜水夫を使用して坐礁岩盤の爆破作業を續ける一方機關四基の取外しを行つて居」ると記事にしている。船から機関を取り外して船体を軽くし、船が乗り上げている岩礁

表29　昭和12（1937）年、渡航目的「沈没船引上作業ノタメ、浅間丸救助ノタメ、沈没船引揚ノ為」で旅券を下付された潜水夫ら

旅券番号	氏　名	本　籍　地	生年月日
341129	吉野久助	長崎県西彼杵郡三重村樫山郷1812	明治31.3. 15
341130	濵崎伊佐吉	〃　長崎市本原町1ノ321	明治27. 1.15
341131	中尾榮治	〃　南松浦郡久賀島村蕨郷426	明治45. 3.30
341132	西村岩吉	〃　長崎市水ノ浦町173	明治27. 1.2
341133	東島彦次	佐賀県佐賀市與賀町116	明治29. 12.18
341134	濵崎佐吉	〃　南松浦郡浜ノ浦314	明治36. 1.13
341135	平石熊次郎	長崎県西彼杵郡瀬戸町羽出川447	明治4. 2.6
341136	大塚節夫	〃　長崎市竹之久保町638	大正7.5. 9
341137	白濵松次郎	〃　南松浦郡北魚目村津和崎郷	明治41.12. 13
341138	池角鹿藏	〃　西彼杵郡黒崎村長田郷203	明治40. 7.13
341139	深堀住太郎	〃　長崎市上野町338	明治25. 2.8

を砕き、取り除いて離礁しようとするサルベージ工事であった。

浅間丸救助潜水夫

このサルベージ作業に従事した潜水夫らについて、外務省外交史料館所蔵『自昭和十二年七月至昭和十二年九月外國旅券下付表　長崎縣廳』により追っていく。

旅行目的「浅間丸救助タメ」、旅行地名「香港」という旅券が昭和十二（一九三七）年九月二十四日に潜水夫らに下付された。旅券下付事務取扱官庁は長崎県庁である。その氏名等を表に示した。

このほか、本籍地山口県下関市大字阿弥陀寺四四、明治二十四年十月二十四日生まれの村岡磊爾が旅券番号三二八六三五、旅行地名香港、旅行目的浅間丸復旧工事打合という内容の旅券を長崎県庁から昭和十三（一九三八）年三月二十八日に下付されている。

昭和十三（一九三八）年三月十二日付け『東京朝

第三種郵便物認可　　昭和十三年三月十二日

淺間丸みごと離礁

遭難半歳、滿潮利しきのふ午後三時半

凱歌あび巨體浮く

【香港本社特電】（十一日發）昨年九月二日未明の颱風で九龍側の錨地より押し流され香港港外柴灣西岸に坐礁した郵船淺間丸は爾來六ケ月餘、日本サルベージの徳壽丸によつて船底を支へる巖礁の取除きその他離礁に必要な作業をつゞけた結果、漸く離礁の見込みが立ち、本月十四日午後の滿潮時を期して引卸しに着手する豫定で十日すべての準備を終り待機中だつたが幸運にも十一日午後の滿潮時に約一尺の高潮があつたのでこの機逸すべからずとばかり作業員は勇みたち船首に六本、船尾に五本の錨をいれたワイヤーを本船のウインチ、ウインドラス、キャップスタンで巻きはじめ午後三時半には船體の何處にも故障なく極めて安全に離礁、淺間丸の巨體は歡呼と拍手のうちに原位置より約三百五十呎沖合へ浮びあがつたかくて同夜は同所に假泊十二日早朝から浮タンクをとつて午後港内ドックに曳航されることゝなつた【寫眞は淺間丸と離礁現場の略圖】

世界に誇る救難作業

延人員二萬九千人、爆薬二噸半

淺間丸は昭和四年長崎三菱造船所で建造され總トン數一萬七千トン郵船が太平洋の女王と誇る豪華船で就航以來九年、四十六航海目にこの災厄に遭つたもので、乘組員は坐礁當時、金十船長以下約二百五十名であつたが、その後大半は逐次歸國して現在七十名だけ居殘つてゐる、同船の離礁は殆んど絶望的難作業だと外人側からみられ從つて救助作業では世界一を誇る日本の救助船が果してどの程度まで成功するかに多大の興味をもたれてゐただけ郵船當局やサルベージの苦心も大きく、この成功を收めたわがサルベージの技術はまさに世界一を誇るわけである、この作業に要した從業員は延べて二萬九千人、使用したダイナマイトは實に二噸半

損害

は相當大きいとみられてゐたが、總費用はざつと五百二萬五千圓、離礁までに要した萬圓と見られ保險は八百五十萬圓かけてある、なほ船は一應ロイド及び香港駐在遞信海事官の船體檢査を受け出渠日取を決定する

再び雄姿を今秋から

郵船本社の喜び

郵船本社の大矢航海課長は十一日夜欣然と語る

「お蔭さまでたうとう離礁させました十一時に本社へ午後「無事離礁の快報が入り全社員が喜び…」

白衣天使

日新聞』によれば、浅間丸は同年三月十一日午後三時半離礁に成功、巨体が海上に浮かび上がった。同日付け『讀賣新聞』、「淺間丸みごと離礁」報道を掲げよう。浅間丸座礁地点が図に示されている。

同年四月三日付け『東京朝日新聞』は、「淺間丸凱旋」と標題を掲げ、浅間丸が太沽ドックで応急修理を受け、日本サルベージの祐捷丸に守られて、四月二日午前十時長崎港に帰港したと報道した。

その後、三菱重工株式会社長崎造船所に入渠した。そうして昭和十三（一九三八）年九月十五日午後三時、浅間丸は横浜港を出帆する。再び太平洋横断航路に返り咲いた。

『南部潜水夫の記録』には、豪華船浅間丸（一六九七五トン）の救助作業に参加した種市潜水夫は磯崎源三郎、横道兼造、小橋幸起、関端与三郎らと書いてある。

岩手県九戸郡種市町（現在、洋野町）にあった種市町教育委員会が平成元（一九九〇）年三月三十一日に発行した『ふるさと読本―南部もぐり―』では、浅間丸離礁につき次のように記述している。

昭和13年ホンコン港外に暴風雨によって座礁した日本郵船株式会社所有の大型豪華客船淺間丸（16,947トン）を関端與三郎を団長とする磯崎源三郎、横道兼造、小橋幸志等20名の南部潜水夫達が240日間もの日数と新しく建造する程の救助費用をかけて、世界で初めてという浮力タンクによる方法で離礁させることに成功した。

その後に刊行された種市町発行『南部もぐり見聞録』にも、浅間丸救助につき『ふるさと読本―南部もぐり―』とほぼ同じ内容を述べている。

浅間丸救助に当たった南部潜りへ下付された旅券について、外務省外交史料館所蔵昭和十二年と十三年の旅券下付返納史料を繰り返し入念に調べた。だが、現在公開されている史料中に、関端與三郎、磯崎源三郎、横道兼造、小橋幸志ほか南部潜りの名、彼らの住所をどうしても見つけることができなかった。また離礁作業の方法も異なっている。

13　解撤潜水夫の雇用主

岩手県社会課員による調査

昭和十三（一九三八）年三月二十四日付け『新岩手日報』第四面に、「全國唯一　解鐵職工供給地　種市職業紹介所　下　岩手縣社會課　佐藤三千治」と題した記事が載る。前日二十三日付け同紙に掲載された「上」の続報だ。

記事前半には、おおむね次のように書いている。

座礁船や沈没船の金属材を再活用するため、海底で船を破壊し陸に揚げる解鉄職工は、その作業種類により、潜水夫、綱夫、ポンプ押し、火薬師、導火線引き、台船船長、機関長、ウインチ廻し等の海中海上作業者のほか、陸上作業者として鋲切り鍛冶屋、たがね鍛冶屋、瓦斯屋（焼き切りバーナー）、運搬夫に分けられる。

海底に潜って、沈没船にダイナマイト装置を仕掛け、潜水夫が海上に上がるのを見届けた後、火薬師が導火線に点火して、船を爆破する。船を引き揚げられる大きさに断ち、引き揚げる。

昭和十三（一九三八）年当時、岩手県九戸郡種市村小橋（現在、洋野町種市）は戸数二十四戸で、解鉄職工二十八人が出ていると記事は記述している。

全国の主な解鉄職工の雇用主を次のとおり載せてある。

東京市品川區北品川五丁目四九一
吉岡　末吉
目黒區下目黒四丁目九八四
寶　松太郎
麴町區丸ノ内一丁目六
（東京海上ビルデイング内）
日本サルーヴヱージ株式會社

横濱市鶴見區末廣町
峰村與一郎
中區扇町四ノ四五
遠田　勘治
鶴見區潮田町一三七五
渡邊　俊雄
鶴見區潮田町
岡　田　組
鶴見區潮田町
北川組出張所
千葉縣夷隅郡大原町南川
片山　松太郎
銚子市川口町
阿尾　德治郎
神奈川縣川崎市大島町二四五
峰村　與一郎
和歌山縣那賀郡麻止津村
櫻井　常之助

大阪市大正區鶴町三ノ一三九
小林　留次郎
大正區鶴町四丁目一八八
西沖　初太郎
西區南堀江通五ノ二
鳥澤　祥平
港區田中元町三丁目一三ノ七
竹下　和三郎
大正區南恩加島町一丁目
木田　長九郎
大正區大正通十丁目三
岡池　廣
住吉區釜口町
岡田　精一
神戸市林田區長田丸水
寄木　庄太郎
兵庫區湊町一丁目二六〇
加池　角由

兵庫區佐比江町八三番屋敷
川島　善一
福岡縣若松市山平通五丁目九〇四
藤田　桝伍
岸通り五丁目九〇五
甘柏合名會社（引用文献のまま）
廣島縣糸崎町
寄木　幸太郎
北海道小樽市色内町五丁目一三
國分　清作
小樽市入舟町二ノ三九
江西　嘉久太
小樽市若竹町
小笠原　初太郎
根室町本町六九
小池　藤吉
龜田郡トド法華村
水内　三治郎

根室町字千鳥町
澁田　由松
函館市幸町七
日野　清造
函館市海岸町四四
今井　勇作
函館市東雲町九六
新妻　富太郎
函館市末廣町一三
保苅　辨治
函館市中島町三三
星野　仁作

「岸通り五丁目九〇五　甘柏合名會社」は、海岸通り五丁目九〇五　甘粕合名會社であろう。

吉岡末吉に関する資料が千葉県安房郡白浜町（現在、南房総市白浜町）に残っている。これは国内における沈没米国船解撤潜水工事例だが、漁業者と解撤業者との関わり等がわかるので、強いて取り上げた。

沈没船ダコタ号を吉岡末吉から譲り受けた飯田庄次が、昭和三十二（一九五七）年三月十四日付けでダコタ残鉄解撤引き揚げに当たって火薬使用許可願い『歎願書』を白浜町漁業協同組合長本橋清五郎あて提出した。

歎願書

今般小生儀吉岡末吉氏よりダコタ号を
譲受け貴組合の指示により引揚作業を致し
左記の事項に対して宜敷く御願ひ申上げます

記

一、作業期間　弐ヶ年
一、火薬使用時間　海士就業期間は午前十時迄とする
　　その他の期間は正午迄とする
一、水揚港　乙浜港とする
一、水揚地使用料　月額五阡円也を仕拂う事

右の検討の上御許可下さる様歎願致します

昭和三十二年三月十四日

飯田庄次

白浜町漁業協同組合長
本橋清五郎殿

ダコタ号引揚作業許可歎願書

これに対して、昭和三十二年三月二十七日付け『白濱町漁業協同組合總代會議事録』には次のように記録されている。総代会議長は本橋清五郎がつとめた。

一、ダコタ號残鉄揚陸作業許可願の件上呈組合長は願書を朗讀せしめ火薬の使用時間は毎日早朝より午前九時まで其他説明し小釣業者の保証災害防止、天草採取中の火薬使用制限等質議応答后議長諮りたる處、作業許可異議なしの声多数につき許可可決す

翌昭和三十三（一九五八）年十月十六日組合において総代会が開催された。同年十月十六日付け『白濱町漁業協同組合總代會議事録』によると、「沈船

ダゴタ号解撤火薬使用について」が上程され、審議の結果は次のとおりであった。

組合長諮つて議長となり提案説明をなし役員会の意向及漁士頭の意見を述べ審議方要望す　保田三之助より操業期間の質問ありたる后安田貞一良より期間も来年の四月三日まで、あるし海女側に差支なく役員側と漁士側の意見も一致して居り飯田丸も漁船を改造して居るので不法行爲を絶対にいましめ操業を認めたい旨発言ありたり　宇山清吉より陸上港につき異議あり組合長は契約通り今度は乙浜港使用を飯田屋へ交渉する旨答ふ　岡田武雄より鰤の回遊初期に於て漁が多い場合は火薬の使用に手心を加へられたき希望あり（略）議長は他に意見を求めたる處異議なしの声多数につき火薬使用解撤昭和三十四年四月三日まで操業を認める事に決定する旨述べ閉会を宣す時午前九時四十分

飯田庄次からは昭和三十五（一九六〇）年に再び、ダゴタ号残鉄引き揚げ火薬使用歎願書が提出されたが、昭和三十五年五月三十一日に開かれた白浜漁業協同組合総代会において、漁業者の反対多く昭和三十五年度は見送ることに決定した（昭和三十五年五月三十一日付け『白浜町白浜漁業協同組合總代会議事録』）。

著者は、昭和五十一（一九七六）年十二月二十七日白浜町にて飯田庄次から聞き取り調査した。筆談で聞き取った結果、庄次は明治三十二（一八九九）年生まれ、白浜町白浜二六四一番地に住む解撤潜水業経営者、飯田丸船主で、屋号は飯田屋、家印（いえじるし）はサンピンである。白浜町の伊藤熊吉ヘルメット式潜水夫（大正七年十月二十三日生まれ）、伊藤一晴ヘルメット式潜水夫（明治四十二年十二月二十六日生まれ）を雇い入れ、ダコタ金属材を解撤引き揚げして、引き揚げた金属は館山市那古（なご）、古鉄商下田商店に

売った。

この引き揚げ作業中に、ダコタのウインドラス（巻き上げ機）のネームプレート（名板）を引き揚げた。バーリントン・ノーザン・インコーポレイテッド日本支社の西宮悦夫総支配人が昭和四十八（一九七三）年十月白浜にて飯田庄次が両手に持つウインドラスネームプレートを撮影した。西宮は『Burlington Northern News』 Vol.4 No.12 Dec.1973 に「Cape Nojima」と題して、この写真を掲げ、プレートに彫られた英語、名板の直径、二十尋の海底から引き揚げたこと、漁業者飯田庄次などにつき英文で報告している。

ダコタ（Dakota）は、米国グレート・ノーザン・スチームシップ・カンパニー（大北汽船会社）のシアトル～香港間、太平洋東洋航路就航船で、姉妹船ミネソタとともに就航していた。二〇七一八総トンであった（Emory R.Johnson 『The Steamship Ocean and Inland Water Transportation』 1920、明治四十年三月五日付け『東京日日新聞』）。

先に記したバーリントン・ノーザン・インコーポレイテッドはグレート・ノーザン・スチームシップ・カンパニーの後継会社である。

横浜港に向かっていたダコタは、明治三十三（一九〇〇）年三月三日午後四時、白浜村原沖にある暗礁、大佐根（おおさね）に座礁した（『自明治三十三年四月至仝四十二年三月　沿革誌　白濱尋常高等小學校』）。座礁後じわじわと沈んでいき、同年三月二十三日の大しけにより没した。

後にここで米船ダコタ解撤引き揚げ作業が長年月にわたって行なわれることになる。

明治四十二（一九〇九）年六月六日付け『千葉毎日新聞』には、見出し「〇白濱の大惨事　ダコタ引揚の火薬爆發し死者三名傷者四名を出す」の記事が載る。その概要は次だ。

ダコタ解撤引き揚げ作業中の六月四日午前十一時

三十分、作業船に積んであったダイナマイトが爆発する事故が起きた。安房郡神戸（かんべ）村大神宮（だいじんぐう）の田中助治が即死し、同郡長尾村川下（かわしも）の吉田若松、同所早川與七の二名は上陸後死亡し、白浜村白浜古谷市兵原（引用文献のまま）、長尾村根本古谷金八、広島県人当時白浜村寄留福原市郎の三名は重傷を負い、小澤由五郎は軽傷であった。

火薬掛の田中助治が、潜水夫が海底で仕掛けたダイナマイトの導火線と船上にあったダイナマイトの導火線とを取り違えて電気を通じたため船上ダイナマイトが爆発した。

翌六月七日付け『千葉新聞』は「〇白濱沖の椿事沈没船引揚中」と題した記事の中で、ダコタ号の破壊引き揚げ工事は東京京橋区海事工業所山科禮三（引用文献のまま）の手にて請負、引き続きこれが引き揚げ工事に従事中と書いている。

明治四十二（一九〇九）年八月二十五日付け『東京日日新聞』には、「▲ダイナマイトで情死(同上千葉發)」が載る。

廿三日午前五時安房郡白濱村料理店　星野勝藏方帳場にて同家の酌婦山口お芳(二十一)は馴染客なる和歌山縣東牟婁郡（まま）宮原村生れ當時同所海事工事社長山科禮三（まま）方に雇はれ　目下同村沖合にて先年沈没したる英国（まま）汽船ダコタ號引揚工事に従事せる秋竹慶吉（二十一）と職工用のダイナマイトを以て合意の情死を遂げたり

同年八月二十六日付け『千葉新聞』にも「〇爆烈彈で情死・・・ダコタ號破壊引揚工夫と酌婦・・・」記事が伝えられた。

同年八月二十八日付け『千葉新聞』は、「〇白濱村の情死詳報」を報じている。

昭和に入って、昭和十（一九三五）年十月三十日、白浜町乙浜（おとはま）において、火災消火作業中突如大爆発がおき、死者十五人、負傷者一二五人の大惨事となっ

た（「殉職消防組員之碑」碑文　千葉県知事石原雅二郎書　昭和十一年十月三十日）。

貯蔵してあったダコタ解撤作業用ダイナマイトに引火した爆発であった。

昭和五十一（一九七六）年十二月、同五十二年一月、二月におこなった現地調査において、竹口ひで（明治三十四年四月一日生まれ）、安田あさ（明治三十一年十月十四日生まれ）、安田ぶん（明治三十四年八月十五日生まれ）、本橋てふ（明治二十一年五月七日生まれ）、安田よし（明治二十二年四月八日生まれ）、本橋まつ（明治十九年四月十日生まれ）、笹野惣治（明治二十九年十二月十日生まれ）、渕辺仁蔵（明治三十七年九月二十四日生まれ）、伊藤一晴潜水夫（明治四十二年十二月二十六日生まれ）、伊藤熊吉潜水夫（大正七年十月二十三日生まれ）、白浜漁協職員清水金蔵（大正十五年七月三日生まれ）、同加瀬はや（大正十年十一月十四日生まれ）外から聞き取りした。乙浜の屋号ヤエミ、竹口彌右衛門家の氷蔵（こおりぐら）にダコタ解撤に使うダイナマイトが保管してあり、ここに火が入って爆発したと聞き取った。

竹口ひでによれば、氷蔵は六分の鉄筋を入れたコンクリート造りで、コンクリートには伊豆の砂利を使い、壁は厚さ五寸くらいあった。氷は帝国冷蔵会社から買い、船で運んできていた。だが、旅のなふね（鮪延縄漁船、小田原船、葉山船、伊豆船）や県内西岬のなふねも数が減って乙浜港に来なくなり、氷が売れなくなった。品川の吉岡さんに頼まれて氷蔵を貸していた。

きむら食堂主人に聞くと、爆発は午後八時ごろだった、この日はいい凪で、漁師はサンマ漁に沖へ出ていた。自分は高等科二年生だったが、女たちと消火していた。消火作業により火勢が弱くなりはじめ、もうひと踏ん張りという所で爆発が起こった。纏（まとい）と筒先（つつさき）の人が氷蔵にのって消火作業をしていた時だ。この人たちに犠牲者が多かった。コンクリート破片が飛び散って自分も頭に負傷し、気を失い病院へ運ばれた。氷蔵に火薬があるとは知らなかった。

鈴木甚蔵によれば、筒先の人たちが氷蔵の上から水を掛けており、火も下火となり、やじ馬が帰り始めていたころ、爆発した。

時のダコタ解撤業者について話者に尋ねると、吉岡海事とか吉岡さんとか答える人がいた。

昭和十（一九三五）年十月三十一日付け『東京朝日新聞』には、ダコタ号引き揚げ作業は東京品川の吉岡末治氏が当たっており、氷倉庫には「作業用の圧搾酸素を容れた圓筒三本並びにダイナマイトを貯藏してゐた」と報じられている。

明治三十三（一九〇〇）年ダコタ座礁直後から行なわれた村民による船客救助活動に始まり、ダコタからの引き揚げ物を橋に利用、村が受けた謝礼金を当てての白浜小学校建設など、ダコタは長い間白浜村（昭和八年から白浜町）の人たちに、解撤ダイナマイト関連だけでなく多方面にわたり係わってきた。

白浜町沖でアワビを獲っている千倉町千田、仁三郎丸（船主、稲葉仁三郎ヘルメット式潜水夫（昭和四年十月十九日生まれ）から昭和五十二（一九七七）年一月四日に聞き取りした。ダコタ残骸はまだオオサネ海底にあると見取図を書いて説明してくれた。

14　有馬丸をペルーで離洲させ、日本へ曳航

有馬丸、南米で擱座

昭和十六（一九四一）年五月二十八日付け『讀賣新聞』は、南米西岸航路に就いている日本郵船株式会社貨物船、有馬丸がペルー国モエンド港沖合四マイルの浅瀬に濃霧のため擱坐し、同社の高岡丸が救助に向かったと伝えている。

有馬丸救出

昭和十六（一九四一）年十一月二十一日付け『朝

南米ペルー国モエンドの位置

表30　昭和16(1941)年、渡航目的「艦船引揚、有馬丸救助」で旅券を下付された潜水夫

旅券番号	氏　名	本　籍	生年月日	下付月日
379509	濵田修造	石川県鳳至郡兜村字甲八字9ノ2	明治43. 7.25	7.2
379510	宮下修次	〃　甲八字71ノ1	明治43.4. 4	〃
379511	竹中幸松	〃　甲ルノ72	大正2. 5.20	〃
379512	吉井永松	〃　甲ルノ68	大正5. 7.10	〃
379519	大越清作	〃　甲八字87	大正5. 3.13	〃
379597	庄司安治	千葉県安房郡富崎村布良1215	大正5. 2.3	7.7
379598	伊藤正雄	〃　神戸村犬石366	大正4. 8.26	〃
379606	石川助治	〃　164	大正8. 1.1	〃
379603	左草一太郎	〃　佐野1413	明治35. 3.3	7.8
379605	黒川太郎	〃　富崎村布良187	大正5. 3.26	〃
379604	黒川倉吉	〃　神戸村中里101	明治38. 4.13	〃
379610	本田作藏	北海道函館市仲町59	大正6. 2.18	〃
379612	松井秀雄	〃　高砂町916	明治36.8.5	〃
379613	中村豊次郎	岩手県九戸郡種市村第36地割48	明治36.11. 19	〃
379613	花田吉藏	北海道釧路市大町3丁目	明治19. 9.30	〃
379614	寺村音七	〃　函館市天神町132	明治43. 7.21	〃
379615	菊地喜市	〃　仲町22	明治31. 5.11	〃
379616	一杉六太郎	東京市板橋区中新井町3丁目2013	明治34. 3.24	〃
379617	佐藤清三	北海道幌別郡幌別村字本町144	明治31. 1.19	〃
379619	関川寅藏	〃　小樽市眞栄町20	大正7. 4.11	〃
379620	寺口末吉	〃　石山町16	明治39. 8.1	〃
379623	大山金三郎	〃　稲穂町西8丁目2	明治32. 3.11	〃
379648	德山亀弥	長崎県北松浦郡神浦村小濱郷2249	明治41.9. 3	〃
379649	中村長心	福岡県門司市大字門司2786	明治30. 10.14	7.1
379650	須川早吉	千葉県安房郡富崎村布良309ノ1	明治38. 1.25	〃
379651	滝谷與三次郎	石川県鳳至郡兜村字曽良二字157	明治34.12. 25	〃
379656	逸見好郎	千葉県安房郡富崎村相濱6	大正10. 3.20	〃
379665	佐藤與八郎	北海道函館市旅籠町62	明治33.4. 11	7.11
379666	藤田健治	〃　84	明治38. 6.14	〃
379667	熊野本久	石川県鳳至郡兜村字甲ケ13	大正11. 4.1	〃
379668	原田忠雄	北海道上川郡市山村字11丁目48	大正9.9. 15	〃
379672	澤田慶治	北海道函館市栄町125	明治30. 10.7	〃
379673	早川　明	〃　大森町106	大正14. 9.17	〃

日新聞』では、写真入りで有馬丸救出作業につき報道した。写真には、奥に座洲した有馬丸、手前に救助に向かった崎戸丸、円内には崎戸丸船長、サルベージ技師一杉六太郎が写っている。記事の一部は次だ。

（略）七月十七日崎戸丸に乗船救助に赴いた日本サルベージ一杉六太郎、佐藤清三兩技師以下三十二名の工夫、潜水夫等は八月十四日現場に到着、引卸しの難作業一箇月、九月十五日午前三時つひに離洲に成功、日本サルベージ技術の優秀性を世界に示した（略）

日本サルベージ株式会社の一杉、佐藤両技師ら救助員三十三名の氏名、本籍地などは、外務省外交史料館所蔵『昭和十六年外國旅券下付表一件　府縣報告　第二巻』の「昭和十六年自七月至九月外國旅券下付表　東京府」に綴られている。渡航先は「ペルー國」渡航目的は「有馬丸救助」、「旅券月日」は七月二日、七日、八日、十日、十一日で、人により異なった日に下付を受けている。

このようにして離礁に成功した有馬丸（七三八七総トン）は、日本郵船株式会社崎戸丸（九二四五総トン）に曳航されて太平洋を横断する。昭和十六（一九四一）年十一月二十日に横浜港外に着いた。

すでに盧溝橋（ろこうきょう）事件以来四年も戦い続けた支那事変は大陸奥地にまで拡大していた。一方、日米交渉は行き詰った。昭和十六年十二月八日、帝国日本は米国および英国にも戦いを挑んだ。

大東亜戦争下、有馬丸は昭和十七（一九四二）年十二月、広島県因島（いんのしま）、大阪鉄工所で応急油槽船に改造された。占領した油源地からの石油輸送が急務だった。

有馬丸は、昭和十八（一九四三）年四月、ボルネオ島バリクパパンからトラック島へ向け航行中、パラオ島北約一七〇浬で米国潜水艦ハドックの雷撃を受け、翌日沈没した（木津重俊編『日本郵船船舶100年史』）。

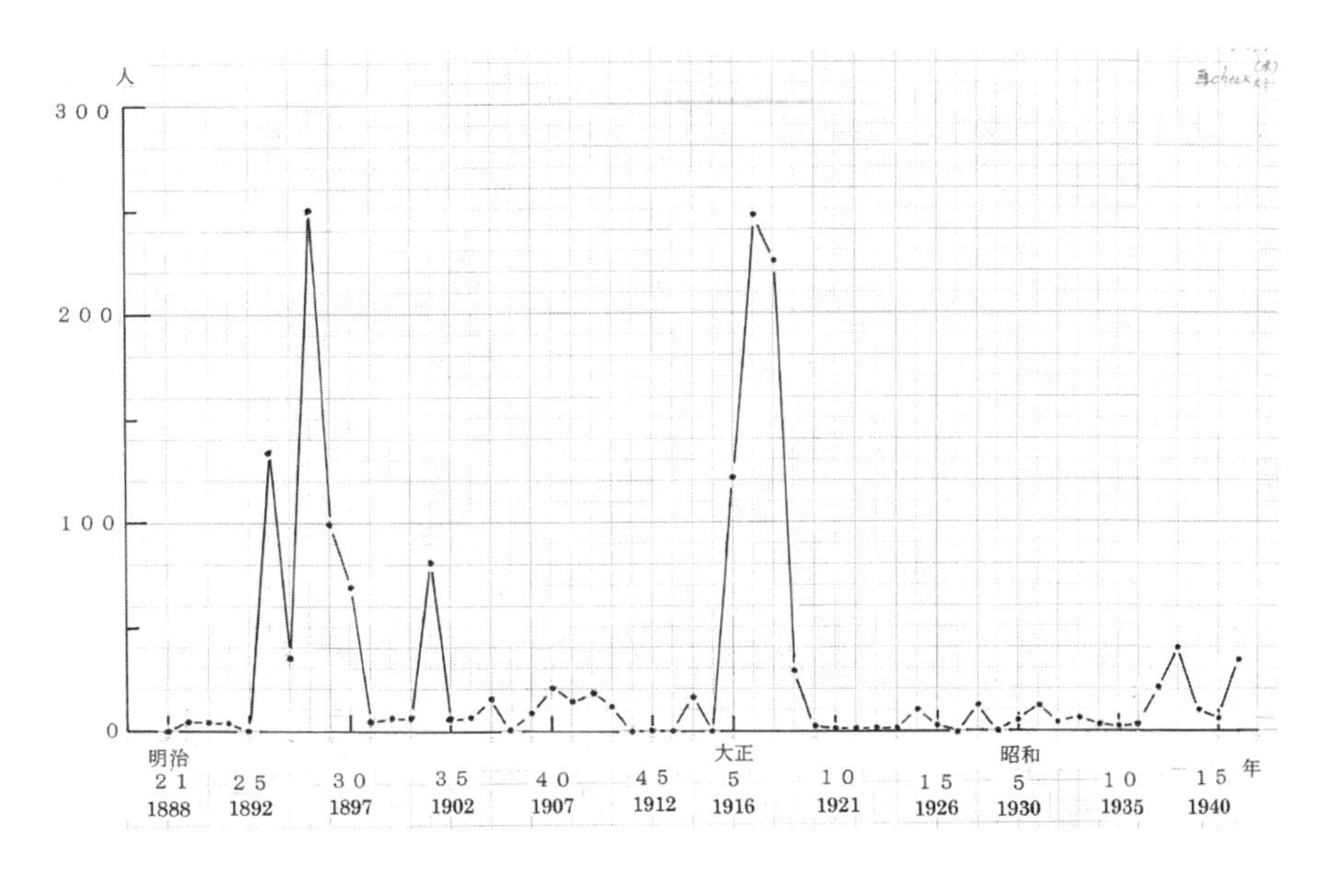

沈没船引揚のために旅券を下付された潜水夫ら人数の経年推移

15　海外出稼ぎ潜水夫ら人数の経年推移

総人数

明治十六（一八八三）年から昭和十六（一九四一）年まで五十九年間に、海外へ出稼ぎした潜水夫らの人数は、外務省外交史料館所蔵、現在閲覧できる史料に基づく限り四千五百二十三人に達する。

潜水三分野に分けて、海外出稼ぎ人数の推移を追うと、次になる。

サルベージ潜水夫らの動向

まず、渡航目的「沈没船引揚」などサルベージ潜水夫らの人数の経年推移を図に示した。

図には高い峰が二つ目立つ。一つは明治二十八（一八九五）年を中心とし、今一つは大正五（一九一六）、六、七年にかけての峰である。それらに続く峰は明治三十四（一九〇一）年と昭和十三（一九

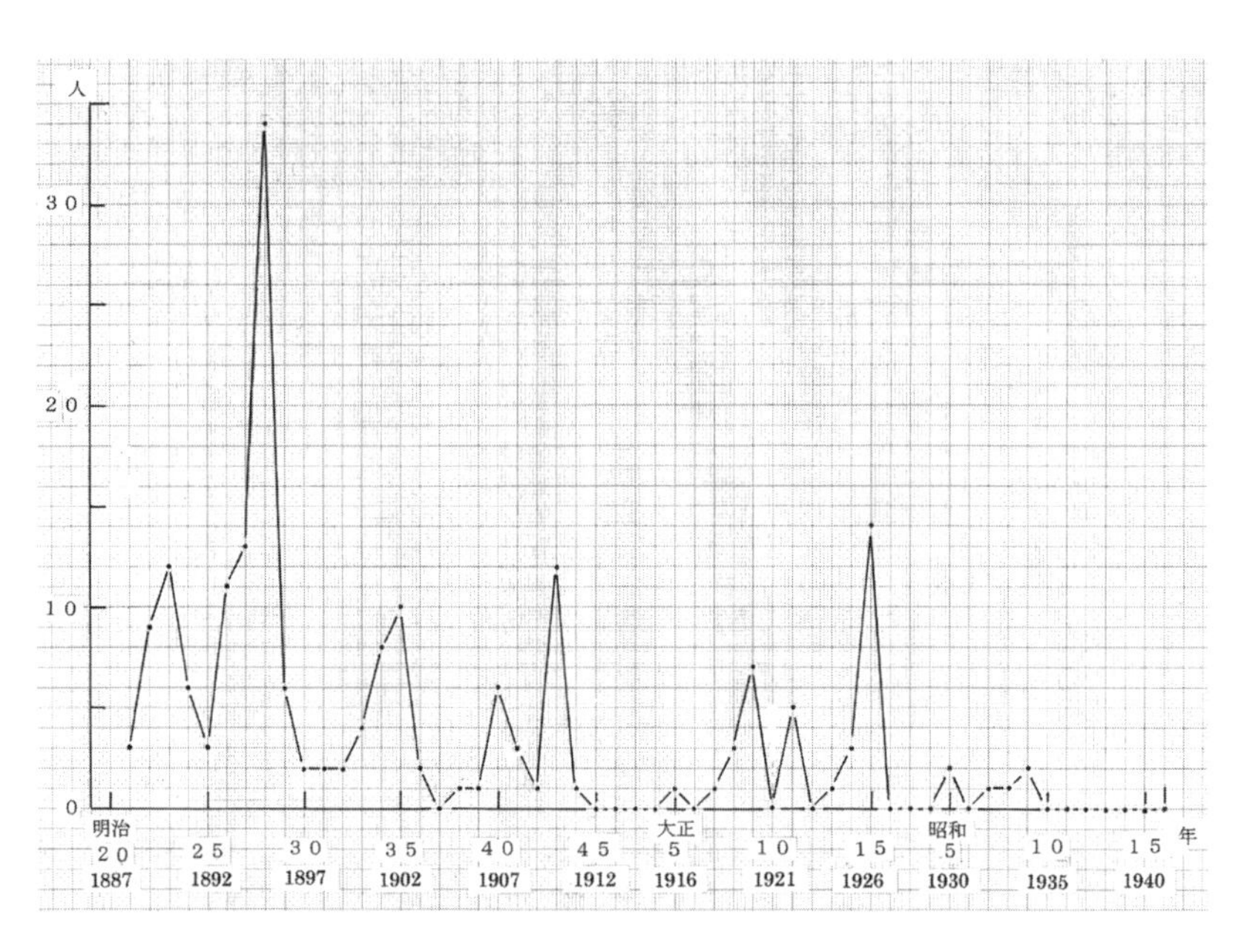

潜水業のために旅券を下付された潜水夫らの人数の経年推移

三八）年にある。

明治以降、帝国日本が戦った戦闘規模が大きい対外戦争は、四回を数える。

日清戦争、日露戦争、第一次世界大戦、それに一九三一（昭和六）年満洲事変を起こし、一九三七（昭和十二）年盧溝橋事件勃発、支那事変から大東亜戦争敗戦一九四五（昭和二十）年まで続いた戦争だ。

これらの戦争期間を海外出稼ぎサルベージ潜水夫ら人数と重ね合わせてみると、海外出稼ぎサルベージ潜水夫らの人数は戦中戦後期に増加する傾向にある。

渡航目的「潜水業」旅券で海外に出た潜水夫ら人数の経年推移

その経年推移図を示そう。

顕著な峰は明治二十八（一八九五）年に現れる。三十四人が海外に渡った。この年以外は年十四人以

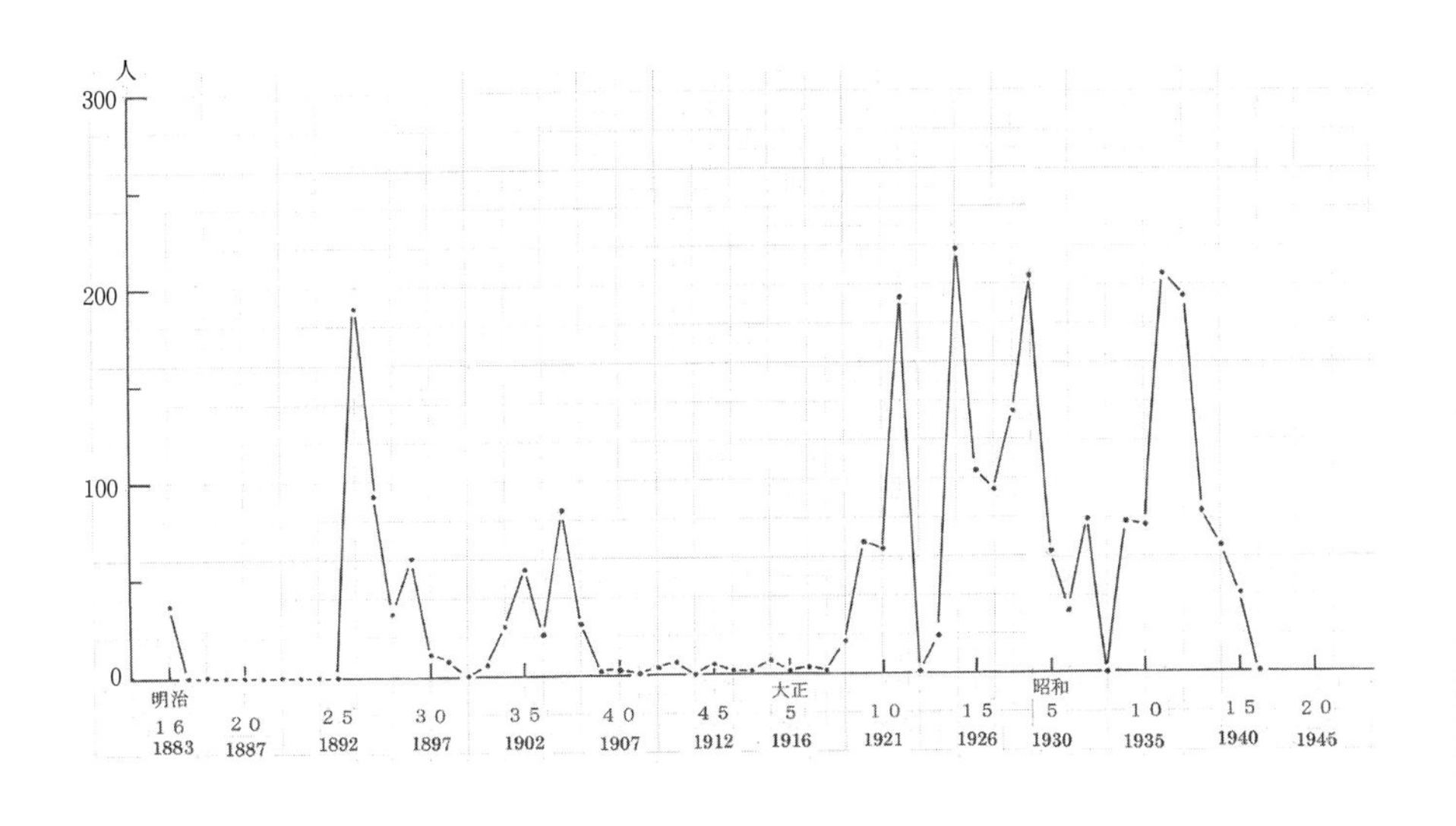

採貝業のために旅券を下付された潜水夫らの人数の経年推移

下であるが、高低を繰り返している。

ただし、明治三十七年、明治四十五年から大正四年まで、大正六年、十年、十二年、昭和二年、三年、四年、昭和六年、昭和十（一九三五）年からは渡航目的「潜水業」で海外出向いた潜水夫らは皆無であった。

最後に、渡航目的「採貝業」ではどうなるか。

採貝潜水夫の海外渡航の動き

明治二十六（一八九三）年から同三十八（一九〇五）年までに潜水夫海外多出期がある。明治二十六（一八九三）年に急増して高い峰が現れ、明治三十八（一九〇五）年まで小刻みに高低を繰り返す。明治三十九（一九〇六）年から大正七（一九一八）年までは、多い年でも二名で、大正八（一九一九）年以降昭和十五（一九四〇）年まで潜水夫らの人数が乱高下するなか、四つの高い峰が繰り返し現れる。

どうも帝国日本の国威発揚期に海外へ出向く採貝

潜水夫らの人数が増える傾向があるようだ。こういう時代は、安心して国外に出稼ぎできる気運が社会的に醸し出されるからであろう。逆に関東大震災があった年は海外へ出た潜水夫は皆無であった。

採貝業出稼ぎ潜水夫の漁獲物は、圧倒的に多いのはシロチョウガイで、次いでアワビ、ナマコだ。

貝釦（かいぼたん）材料になるシロチョウガイ、また干鮑（かんぽう）、アワビ缶詰、アワビステーキ材料、刺身にするアワビにしても、中国料理食材の煎海鼠（いりこ）（干（ほ）しなまこ）につくり、煮たり酢で味わったりするナマコにしても、工場で機械によって大量生産できる物と違う。一度にたくさん獲れる桁網（けたあみ）などを除いて、人が海底に潜るか、船上から見突きにより長い竿で、一つひとつ目で見て採る生物なのである。海が凪いで澄み海底が良く見える、潮の流れが緩やか、濁らず視野が明るいなど、漁獲条件が整った時にしか採れない。どうしても単価が高くつく。

その国際的需要は世界経済の好不況に左右され、好況期に需要が増す。そのような期は海外に出てこれらを漁獲する潜水夫らの人数がふえる。

参考文献

『和蘭奇器』　冊子体四帖　発行年不詳
司馬江漢　『畫圖西遊旅譚』　巻之三　享和三年
木村芥舟　『黄粱一夢』　下　巻九　明治十六年
木村芥舟
大場俊雄「千葉県における潜水器械採鮑の起源」『千葉県の歴史』第三号　昭和四十七（一九七二）年　千葉県
吉原友吉「明治初年における採鮑業への潜水器の導入について」　『東京水産大学論集』第七号　昭和四十七（一九七二）年　東京水産大学
『横須賀海軍船廠史』　自元治元年紀　至明治六年紀　大正四（一九一五）年　横須賀海軍工廠
『横須賀海軍工廠の創設と仏蘭西人の見たる黎明期の日本』　佛國海軍雜誌「ラ、ルビユー、マリチム」一九三九年五月號　ジヤン、ラウル氏寄稿　倉永小三譯　昭和十五（一九四〇）年　横須賀海軍工廠
朝倉治彦編　『明治官制辞典』昭和四十四年　東京堂出版
大場俊雄　「1875（明治8）年、神奈川県浦賀における潜水器械採鮑」『地域文化研究』第二十六号　二〇一九年　八戸工業高等専門学校　地域文化研究センター
大場俊雄　『房総の潜水器漁業史』　一九九三年　崙書房出版株式会社
石井研堂　『増訂明治事物起原』　大正十五年　春陽堂
岩波書店編集部『近代日本総合年表』一九六八年　岩波書店
『HISTORICAL DIVER』 Number 3 Summer 1994 The Historical Diving Society California, U.S.A
大場俊雄　『房総から広がる潜水器漁業史』　二〇一五（平成二十七）年　崙書房出版株式会社
滋賀県高島郡教育会編『高島郡誌　全』昭和二年　滋賀県高島郡教育会
大場俊雄　「潜水開祖・増田万吉の出身地について」　『地域文化研究』第七号　一九九八年　国立八戸工業高等専門学校　地域文化研究センター

大場俊雄　「米国アワビ漁業の経営者、井出百太郎」　『地域文化研究』第十八号　二〇一〇年　国立八戸工業高等専門学校　地域文化研究センター

大場俊雄　「米国でアワビ潜水器漁業、干鮑加工業を営んだ護俊肇」　『地域文化研究』第十九号　二〇一一年　国立八戸工業高等専門学校　地域文化研究センター

大場俊雄　「米国のアワビ漁業に潜水技術を導入した小谷源之助と千葉県出身漁業者」　『地方史研究』第二六巻第五号　一九七六年　地方史研究協議会

Sandy Lydon　『The Japanese in the Monterey Bay Region』 Capitola Book Company 1997

柏村一介　『北米踏査大観　上巻』　明治四十四年　龍文堂

Robert C. Belyk　『Great Shipwrecks of the Pacific Coast』 John Wiley & Sons,Inc. 2001

木津重俊編『日本郵船船舶１００年史』　一九八四年　海人社

田村孝吉　「八坂丸金貨引揚秘話」　『くろしお文化』第九号　昭和五十四年　黒汐資料館

菊池敬一、磯崎武志『南部潜水夫の記録』昭和四十九年　種市潜水夫の記録を残す会

『ふるさと読本ー南部潜りー』　平成元年　種市町教育委員会

『南部もぐり見聞録』　発行年月日不明　種市町

洋野町史編さん委員会『種市町史』第十巻史料編十　平成二十三年二月　洋野町

畝川鎮夫『海運興國史』昭和二年　海事彙報社

矢代嘉春『黒汐反流奇譚』　昭和五十六年　新人物往来社

佐藤三千治　「全國唯一　解鐵職工供給地種市職業紹介所　上、下」　『新岩手日報』　昭和十三年三月二十三日付け、昭和十三年三月二十四日付け

あとがき

この本は、『房総の潜水器漁業史』から始まり、『房総アワビ漁業の変遷と漁業法』、『房総から広がる潜水器漁業史』と順次出版してきた三既刊本の続編にあたる。潜水器使用史調べの一連の流れに沿った一冊である。

前三冊は千葉県から全国へ広がった潜水器漁業を中心に取りまとめた。

この度は、海難救助、沈没船引き揚げなどいわゆるサルベージ潜水業で、外国の海に潜った日本人潜水夫及び渡航目的「潜水業」で外国に出稼ぎした日本人潜水夫に重点を置いて書いた。

これまでに、地域的地方的な海産潜水夫の濠洲や東南アジア諸国、米国などへの海外進出を述べた研究報告や印刷物は数多く発行されている。

それに比べて、全国的なサルベージ潜水夫の外国渡航状況を述べた出版物は極めて少ない。

いままで一部しか明らかにされてこなかった日本人による外国でのサルベージ潜水や「潜水業」での潜水器使用史に係わる事実に少しでも迫りたい、そんな思いと姿勢で、森家文書や外務省外交史料館所蔵海外旅券下付返納史料ほかにあたった。ぼつぼつ調べて、時間だけはほぼ六十年かかった。

これによって、明治以来海外に出稼ぎした日本人潜水夫らの実態の一部を曲りなりにも明らかにし、その歴史を不満足ながら辿ることができた。

調べた結果を公にすることは、調査研究に携わった者の務めともいえよう。そうすれば少しは社会に役立ち、この社会に生きた、せめてもの恩返しができる。

このように考えて、小著が成った。

海にかかわる本は数多出版され続けている。そんな中で、馴染みが薄く取っ付きにくい潜水夫史分野の拙本を手にとり読んで下さって、まことに有難うございました。調べて取り纏めた者として、こんなにうれしいことはない。

現今の潜水技術は、潜水装置が改良開発され、それを使いこなす潜水士らによって格段に進歩している。

二〇二二年四月二十三日、北海道知床（しれとこ）半島沖で観光船（19トン）が遭難した。知床の自然は厳しい。乗客乗員二十六名は一人として生きて帰らなかった。船は水深一〇二メートルに沈んだ。

事故は、人の心の内を知っているかのように、隙を突いて起こる。人は海への対し方を誤ってはならない。誤ったとき海は人を呑む。

観光船の海難救助、乗船者捜索、船体探査、船体引き揚げは、海上保安庁、自衛隊、北海道警察本部、ウトロ漁業協同組合、同地観光船運航会社、深田サルベージ建設株式会社、日本サルヴエージ株式会社によって行われた。遭難観光船は短時日のうちに陸上に引き揚げられた。逐一報道された引き揚げまでの観光船KAZU I（カズワン）をめぐる写真は、潜水作業にあたった潜水士やそれを支えた人たちの技術をはじめ機器などサルベージ技術水準が極めて高いことを示していた。

振り返れば、明治八（一八七五）年以来今日なお、ヘルメット式ゴム衣潜水器械はわが国沿海、海産潜り現場で使われ続けている。その潜水夫も止むことなく養成されている。

英国で発明され世界の海で広く使われ続けてきたヘルメット式ゴム衣潜水器械の長い歴史と先人が築いてきた伝統技術のもとに、今日の潜水作業がある。

潜水器械にまつわる史実が、この拙本によっても世に伝えられ、温故知新の上、潜水技術の一層の進歩によって、新潜水器械による安全にして更なる潜水器械新時代を導くことにつながればと願っている。

野帳（やちょう）を見ながら原稿を書いていると、親切に応対し教えていただいた大勢の方々が、その時その場の情景とともに蘇ってくる。勿論、多くの方々は著者より年輩であった。

森六太郎、はる夫妻には森家文書を貸して下さった。馬場寿氏は横浜居留地についての地理や歴史史料を送って下さり、増田平氏との仲介をしていただいた。増田平、和子夫妻には増田萬吉について度々ご教示いただき、氏は増田萬吉ミナ養子、清の戸籍謄本を取得して送って下さった。増田平氏が施主となり萬吉生家跡隣地で営まれた増田萬吉百回忌法要に夫婦で参列できた。増田家菩提寺、横浜市にある蓮光寺にて執り行われた増田萬吉百回忌法要にも列席した。

滋賀県高島郡マキノ町立図書館長清水雲来氏には、同郡朽木村雲洞谷現地調査に際して車で案内して下さり、大変お世話になった。

岩手県九戸郡種市町立図書館長酒井久男氏は退職された後も『新岩手日報』ほか潜水器関係資料を送り続けて下さった。

米国にある情報を教えてくれたカブリロ大学サンディ・ライドン名誉教授および滋賀県現地における聞き取り調査に際して雲洞谷大谷原につき教えを受けた中村勇氏ら朽木村の人たちほか皆々様に支えていただいた。心からお礼申し上げます。

外務省外交史料館はじめ国立国会図書館、横須賀市立中央図書館、和歌山市民図書館、和歌山県立図書館、千葉市中央図書館、モントレー公立図書館、パシフィックグローブ公立図書館、サンフランシスコ公立図書館など内外の図書館にて、所蔵資料を探索閲覧複写書写して、その際担当の方々にお世話になった。深く感謝いたします。

出版に当たっては、たけしま出版竹島盤氏に大変お世話になり謝意を表します。

二〇二三（令和五）年二月十三日

大場　俊雄

大場俊雄（おおば・としお）
　昭和七年七月東京府豊多摩郡（現在、杉並区）生まれ、昭和三十年東京水産大学増殖学科卒業。
　教職をへて、昭和三十六年千葉県水産試験場に入り、同千倉分場長、千葉県水産部栽培漁業課長、同水産課長、同技監、千葉県農業開発公社常務理事、国土環境株式会社技術顧問ほかをつとめた。
　日本水産増殖学会会員。

著　書　『房総の潜水器漁業史』崙書房出版
『房総アワビ漁業の変遷と漁業法』崙書房出版
『あわび文化と日本人』成山堂書店
『早川雪洲－房総が生んだ国際俳優』崙書房出版
『房総から広がる潜水器漁業史』崙書房出版
『房総のカジメとアワビで成った新財閥－森家と安西家－』崙書房出版

明治・大正・昭和前期
外国の海に潜った潜水夫　手賀沼ブックレット No.13

2023年（令和5）5月31日　第1刷発行

著　者　大場俊雄
発行人　竹島いわお
発行所　たけしま出版

〒277-0005　千葉県柏市柏762
柏グリーンハイツＣ204
TEL／FAX　04-7167-1381
振替　00110-1-402266
印刷・製本　戸辺印刷所